21世纪电学科高等学校教材

架空线路设计

主　　编　柴玉华　王艳君

副 主 编　王　刚

参编人员　王立舒　孙国凯　肖志刚
　　　　　范永存　许洪军

主　　审　朴在林

中国水利水电出版社
www.waterpub.com.cn

内 容 提 要

　　本书包括架空线路基本知识、均匀荷载孤立档距导线力学基本计算、均匀荷载孤立档距导线力学应用计算、杆塔的定位原理、杆塔校验、架空线路对通信线路的影响和保护六部分。着重介绍了架空线路的基本概念、计算及分析方法，并附有必要的例题及习题。

　　本书为高等院校农业电气化及自动化专业的教材，也可作为电力工程类专业有关课程的教材或参考资料，还可以供从事这方面工作的工程技术人员参考。

图书在版编目（CIP）数据

架空线路设计/柴玉华，王艳君主编．—北京：中国水
利水电出版社，2001（2017.2重印）
　21世纪电学科高等学校教材
　ISBN 978 - 7 - 5084 - 0729 - 6

　Ⅰ．架…　Ⅱ．①柴…②王…　Ⅲ．架空线路-设计-高等
学校-教材　Ⅳ．TM726.3

中国版本图书馆 CIP 数据核字（2007）第 012906 号

书　　　名	21世纪电学科高等学校教材　**架空线路设计**
作　　　者	柴玉华　王艳君　主编
出 版 发 行	中国水利水电出版社 （北京市海淀区玉渊潭南路1号D座　100038） 网址：www.waterpub.com.cn E - mail：sales@waterpub.com.cn 电话：（010）68367658（营销中心）
经　　　售	北京科水图书销售中心（零售） 电话：（010）88383994、63202643、68545874 全国各地新华书店和相关出版物销售网点
排　　　版	中国水利水电出版社微机排版中心
印　　　刷	北京嘉恒彩色印刷有限责任公司
规　　　格	184mm×260mm　16开本　7印张　165千字
版　　　次	2001年8月第1版　2017年2月第8次印刷
印　　　数	21201—23200册
定　　　价	**19.00元**

前　言

　　《架空线路设计》一书是由全国高等农业院校电学科教材研究会组织编写的系列教材之一。该书的基本内容符合全国高等农业院校电学科教材研究会审定的《架空线路设计》教学大纲，适用于高等农业、林业、水利水电院校或其它院校电气化自动化、电力工程等本、专科学生使用，以及电气工程技术人员和电气技术爱好者参考与自学。

　　在本教材编写过程中，作者总结和吸收了各院校教学和教学改革的有益经验，并查阅了有关资料，注重理论的系统性和应用性，本教材从实际应用出发，根据专业特点和培养目标，在内容取舍上尽量做到简明、实用，通俗易懂。使之更适合于组织教学和学生自学。书中例题、习题丰富，图形、符号均采用最新国家标准。本教材参考学时为 30～50 学时。参加本教材编写的单位有：东北农业大学、河北农业大学、沈阳农业大学、黑龙江农业工程职业学院等四所学院。参加本书编写人员：柴玉华、王艳君、王刚、王立舒、孙国凯、肖志刚、范永存、许洪军等，全书由沈阳农业大学朴在林教授主审。

　　由于编写水平和时间所限，书中疏漏和不足之处在所难免，恳请读者批评指正。

编　者

2011 年 10 月

目　录

第一章　架空线路基本知识

第一节　架空线路的应用

输电线路按结构分为架空线路和电缆线路。由于电缆线路的技术要求和施工费用远高于架空线路，所以除了特殊情况（如地面狭窄而线路拥挤或有特殊要求等）外，目前广泛用架空输电线路。

架空输电线路是由绝缘子将导线架设在杆塔上，并与发电厂或变电站互相连接，构成电力系统或电力网，用以输送电能。

一、架空线路的特点

架空输电线路由导线、避雷线、电杆（杆塔）、绝缘子串和金具等主要元件组成，如图1-1所示。导线用来传导电流，输送电能；避雷线是把雷电流引入大地，以保护线路绝缘免遭大气过电压的破坏；杆塔用来支持导线和避雷线，并使导线和导线间，导线和避雷线间，导线和杆塔间以及导线和大地、公路、铁轨、水面、通信线等被跨越物之间，保持一定的安全距离；绝缘子是用来使导线和杆塔之间保持绝缘状态；金具是用来连接导线或避雷线，将导线固定在绝缘子上，以及将绝缘子固定在杆塔上的金属元件。

与电缆线路相比，采用架空输电线路具有如下显著优点：线路结构简单，施工周期短，建设费用低，输送容量大，维护检修方便。但是线路设备长期露置在大自然环境中，遭受各种气象条件（如大风、覆冰雪、气温变化、雷击等）的侵袭、化学气体的腐蚀及外力的破坏，出现故障的机率较高，因此线路的设计、施工必须符合有关标准的要求，

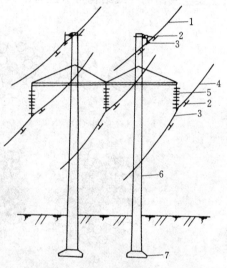

图 1-1　架空线路的组成元件
1—避雷线；2—防振锤；3—线夹；4—导线；
5—绝缘子；6—杆塔；7—基础

并在运行过程中，加强线路的巡视和维护，以保证连续安全供电。

1. 导线

导线是线路的主要组成部分，用以传输电流。架空线路的导线不仅要有良好的导电性能，还应具有以下特点：机械强度高、耐磨耐折、抗腐蚀性强及质轻价廉等。

常用的导线材料有铜、铝、钢、铝合金等。各种材料的物理性能见表1-1所示。

由表1-1可见，铜的导电性能最好，机械强度高、耐腐蚀性强，是一种理想的导线材料。但由于铜相对于其它金属来说用途较广而储量较少，因此，架空线路的导线，除特殊需要外，一般都不采用铜导线。

表 1-1　　　　　　　　　　　　　　导线材料的物理特性

材料	20℃时的电阻率 ($10^{-6}\Omega \cdot m$)	比　重 (N/cm^3)	抗拉强度 (N/mm^2)	抗化学腐蚀能力及其它
铜	0.0182	0.089	390	表面易形成氧化膜，抗腐蚀能力强
铝	0.029	0.027	160	表面氧化膜可防继续氧化，但易受酸碱盐的腐蚀
钢	0.103	0.0785	1200	在空气中易锈蚀，须镀锌
铝合金	0.0339	0.027	300	抗化学腐蚀性能好，受振动时易损坏

　　铝的导电率仅次于铜。铝的比重小，采用铝线时杆塔受力较小。但由于铝的机械强度低，允许应力小，所以铝导线只用在档距较小的 10kV 及以下的线路。此外，铝的抗酸、碱、盐的能力较差，故沿海地区和化工厂附近不宜采用。

　　钢的导电率是最低的，但它的机械强度很高，在线路跨越山谷、江河等特大档距中有时采用钢导线。钢线需要镀锌以防锈蚀。

　　铝合金是在铝中加入少量镁、硅、铁等元素制成的。它具有重量轻而机械强度较高的优点，其电阻率比铝线略高，但耐振性差，目前尚未大量使用。

　　架空线路的导线结构可分三种形式，如图 1-2 所示：

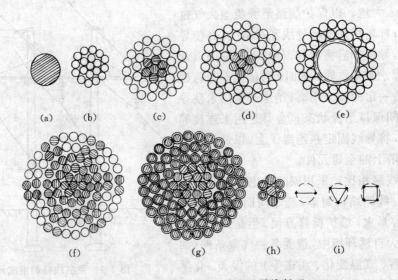

图 1-2　架空线路各种导线和避雷线断面

(a) 单股导线；(b) 单金属多股绞线；(c) 钢芯铝绞线；(d) 扩径钢芯铝绞线；(e) 空心导线（腔中为蛇形管）；
(f) 钢铝混绞线；(g) 钢芯铝包钢绞线；(h) 铝包钢绞线避雷线；(i) 分裂导线

　　（1）单股线；

　　（2）单金属多股线；

　　（3）复合金属多股绞线（包括钢芯铝绞线、扩径钢芯铝绞线、空心导线、钢铝混绞线、钢芯铝包钢绞线、铝包钢绞线、分裂导线）。

　　因为高压架空线路上不允许采用单股导线，所以实际上架空线路上均采用多股绞线。多股绞线的优点是比同样截面单股线的机械强度高、柔韧性好、可靠性高。同时，它的集肤效应较弱，截面金属利用率高。

若架空线路的输送功率大，导线截面大，对导线的机械强度要求高，而多股单金属铝绞线的机械强度仍不能满足要求时，则把铝和钢两种材料结合起来制成钢芯铝绞线，这样不仅有很好的机械强度，并且有较高的电导率，其所承受的机械荷载则由钢芯和铝线共同负担。这样，既发挥了两种材料的各自优点，又补偿了它们各自的缺点。因此，钢芯铝绞线被广泛地应用在 35kV 及以上的线路中。

架空线路导线的型号，是由导线材料、结构和载流截面积三部分表示的。导线材料和结构用汉语拼音字母表示。如：T——铜线；L——铝线；G——钢线；J——多股绞线；Q——轻型；J——加强型；TJ——铜绞线；LJ——铝绞线；GJ——钢绞线；LGJ——钢芯铝绞线。导线截面用 mm^2 为单位。如 LJ—120 表示标称截面积为 120mm^2 的铝绞线；又如 LGJ—300/50 表示铝的标称截面为 300mm^2、钢的标称截面为 50mm^2 的钢芯铝绞线。

钢芯铝绞线按照铝钢截面比的不同又分为普通型钢芯铝绞线（LGJ）；轻型钢芯铝绞线（LGJQ）；加强型钢芯铝绞线（LGJJ）。普通型和轻型钢芯铝绞线，用于一般地区；加强型钢芯铝绞线，用于重冰区或大跨越地段。

对于电压为 220kV 及以上的架空线路，为了减小电晕以降低损耗和对无线电的干扰以及为了减小电抗以提高线路的输送能力，应采用扩径导线、空心导线或分裂导线。因扩径导线［如图 1-2（d）］和空心导线［如图 1-2（e）］制造和安装不便，故输电线路多采用分裂导线［如图 1-2（i）］。分裂导线每相分裂的根数一般为 2～4 根，并以一定的几何形状并联排列而成。每相中的每一根导线称为次导线，两根次导线间的距离称为次线间距离，在一个档距中，一般每隔 30～80m 装一个间隔棒，两相邻间隔间的水平距离为次档距。

在一些线路的特大跨越档距中，为了降低杆塔高度，要求导线具有很高的抗拉强度和耐振强度，国内外特大跨越档距，一般用强拉力钢绞线，但也有加强型钢芯铝绞线和特制的钢铝混绞线［如图 1-2（f）］及钢芯铝包绞线［如图 1-2（g）］。

2. 避雷线

输电线路的避雷线一般采用有较高强度的镀锌钢绞线。个别线路或线段由于特殊需要，有时采用铝包钢绞线［如图 1-2（h）］、钢芯铝绞线或铝镁合金绞线等良导体。但采用良导体做避雷线时，线路投资较高，故一般很少采用。镀锌钢绞线，容易加工，便于供应，价格便宜，所以得到广泛采用。

避雷线是装设在导线上方，且直接接地，作为防雷保护之用，以减少雷击导线的机会，提高线路的耐雷水平，降低雷击跳闸率，保证线路安全送电。

根据运行经验，110kV 及以上的输电线路，应沿全线架设避雷线；经过山区的 220kV 输电线路，应沿全线架设双避雷线；330kV 及以上的输电线路，应沿全线架设双避雷线；60kV 线路，当负荷重要，且经过地区雷电活动频繁，年均雷电日在 30 日以上，宜沿全线装设避雷线；35kV 线路一般不沿全线架设避雷线，仅在变电站线 1～2km 的进出线上架设避雷线，以防护导线及变电站设备免遭直接雷击。

二、输电线路有关的几个术语

1. 档距

相邻杆塔导线悬挂点之间的水平距离称为档距，通常用字母 l 表示，见图 1-3。

2. 弧垂

导线上任一点到悬挂点连线之间在铅垂方向的距离称为弧垂。一般情况下,弧垂特指一档距内的最大弧垂,用字母 f 表示,见图1-3。当导线悬挂点等高时,最大弧垂在档距中央处;当导线悬挂点不等高时,最大弧垂近似在档距中央处。

3. 限距

导线到地面的最小距离称为限距,用字母 h 表示,见图1-3。

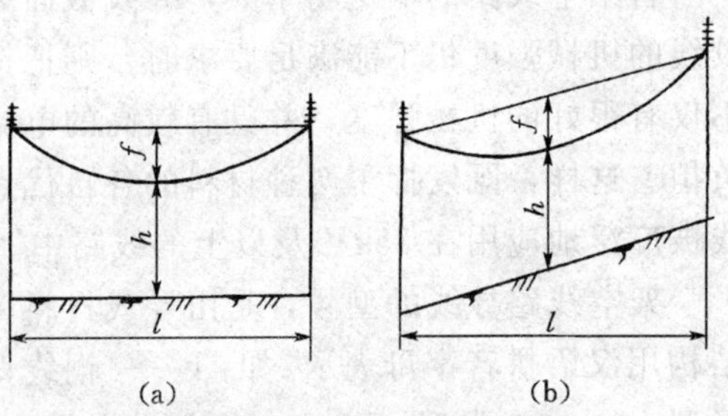

图 1-3　档距、弧垂、限距示意图
(a) 悬挂点等高;(b) 悬挂点不等高

三、杆塔的种类及金具

1. 杆塔的种类

杆塔是用来支持导线和避雷线,以使导线之间、导线与避雷线之间、导线与地面及交叉跨越物之间保持一定的安全距离,保证线路安全运行。

杆塔按其在线路上的用途可分为:直线杆塔、耐张杆塔、转角杆塔、终端杆塔、跨越杆塔和换位杆塔等。

(1) 直线杆塔。用于线路的直线段上,用悬垂绝缘子或V型绝缘子串支持导线。如图1-4 (a) 为直线单杆,图1-4 (b) 为直线双杆。直线杆塔在架空线路中的数量最多,约占杆塔总数的80%左右。在线路正常运行的情况下,直线杆塔不承受顺线路方向的张力,而仅承受导线、避雷线的垂直荷载(包括导线和避雷线的自重、覆冰重和绝缘子重量)和垂直于线路方向的水平风力,所以,其绝缘子串是垂直悬挂的。只有在杆塔两侧档距相差悬殊或一侧发生断线时,直线杆塔才承受相邻两档导线的不平衡张力。直线杆塔一般不承受

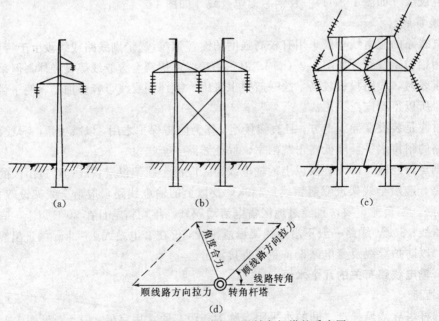

图 1-4　钢筋混凝土杆塔杆型及转角杆塔的受力图
(a) 直线单杆;(b) 直线双杆;(c) 转角杆;(d) 转角杆塔受力图

4

角度力，因此直线杆塔对机械强度要求较低，造价也较低廉。

（2）耐张杆塔。耐张杆塔又叫承力杆塔，用于线路的分段承力处。在耐张杆塔上是用耐张绝缘子串和耐张线夹来固定导线的。正常情况下，除承受与直线杆塔相同的

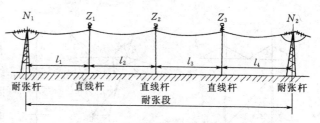

图 1-5　线路的一个耐张段

荷载外，还承受导线、避雷线的不平衡张力。在断线故障情况下，承受断线张力，防止整个线路杆塔顺线路方向倾倒，将线路故障（如倒杆、断线）限制在一个耐张段（两耐张杆塔之间的距离）内。线路的一个耐张段如图 1-5 所示。10kV 路的耐张长度一般为 1～2km。35～110kV 线路的耐张长度一般为 3～5km。根据具体情况，也可适当地增加或缩短耐张段的长度。

（3）转角杆塔。转角杆塔用于线路转角处，图 1-4（c）所示为转角杆塔。转角杆塔两侧导线的张力不在一条直线上，因而须承受角度力，如图 1-4（d）。转角杆的角度是指转角前原有线路方向的延长线与转角后线路方向之间的夹角。

转角杆分为直线型和耐张型两种。6～10kV 线路，30°以下的转角杆为直线型；30°以上用耐张型。35kV 及以上线路，转角为 5°以下时用直线型；5°以上时用耐张型。转角杆塔除应承受垂直重量和风荷载以外，还应能承受较大的角度力。角度力决定于转角的大小和导线的水平张力。

（4）终端杆塔。终端杆塔位于线路的首、末端，即发电厂或变电站进线、出线的第一基杆塔。终端杆塔是一种承受单侧张力的耐张杆塔。

（5）跨越杆塔。跨越杆塔位于线路与河流、山谷、铁路等交叉跨越的地方。跨越杆塔也分为直线型和耐张型两种。当跨越档距很大时，就得采用特殊设计的耐张跨越杆塔，其高度也较一般杆塔高得多。

（6）换位杆塔。换位杆塔是用来进行导线换位的。高压输电线路的换位杆塔分滚式换位用的直线型换位杆塔和耐张型换位杆塔两种。

杆塔按使用的材料可分为：木杆、钢筋混凝土杆和铁塔三种。

（1）木杆。优点是质轻，便于运输和施工，投资少，耐雷水平高。缺点是强度低、易腐蚀、寿命短，同时由于木材在国民经济建设中需用量大，所以木杆已被钢筋混凝土杆所代替。

（2）钢筋混凝土杆。优点是使用年限长，一般寿命不少于 30 年，维护工作量小，节约钢材，投资少。缺点是比较重，施工和运输不方便。因此对较高的水泥杆，均采用分段制造，现场进行组装。由于钢筋混凝土杆有比较突出的优点，因此在我国普遍使用。

（3）铁塔。铁塔是用角钢焊接或螺栓连接的钢架。其优点是机械强度大，使用年限长，运输和施工方便，但钢材消耗量大，造价高，施工工艺较复杂，维护工作量大，因此，铁塔多用于交通不便和地形复杂的山区，或一般地区的特大荷载的终端、耐张、大转角、大跨越等特种杆塔。

杆塔各部分的名称如图 1-6 和图 1-7 所示。

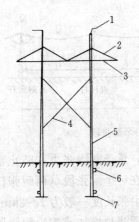

图 1-6　电杆各部分名称

1—避雷线支架；2—横担吊杆；
3—横担；4—叉梁；5—电杆；
6—卡盘；7—底盘

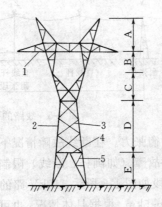

图 1-7　铁塔各部分名称

A—避雷线支架和横担；
B—上曲臂；C—下曲臂；
D—塔身；E—塔腿；
1—横担；2—主材；
3—斜材；4—横材；
5—辅助材

2. 金具

线路金具在架空输电线路中起着支持、紧固、连接、接续、保护导线和避雷线的作用，并且能使拉线紧固。金具的种类很多，按照金具的性能及用途大致可分为以下几种：

（1）支持金具。即悬垂线夹，如图 1-8 所示。悬垂线夹用于将导线固定在直线杆塔的绝缘子串上；将避雷线悬挂在直线杆塔上；也可以用来支持换位杆塔上的换位或固定非直线杆塔上的跳线（俗称引流线）。

悬垂线夹按其性能分为固定型和释放型两类。固定型悬垂线夹适用于导线和避雷线。线路在正常运行或发生断线时，导线在线夹中都不允许滑动或脱离绝缘子串，因此杆塔承受的断线张力较大。释放型线夹在正常情况下和固定型一样夹紧导线，但当发生断线时，由于线夹两侧导线的张力严重不平衡，使绝缘子串发生偏斜，偏斜至某特定角度 φ（一般为 $35°\pm5°$）时，导线即连同线夹的船形部件从线夹的挂架中脱落，导线在挂架下部的滑轮中，顺线路方向滑落到地面，这样做的目的是为了减小

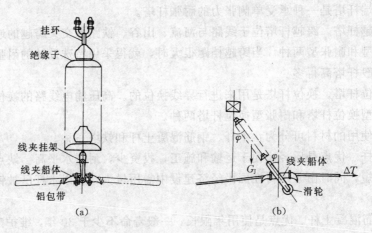

图 1-8　悬垂线夹

(a) 固定型；(b) 释放型（在动作时）

直线杆塔在断线情况下所承受的不平衡张力，从而减轻杆塔的受力。释放线夹不适用于居民区或线路跨越铁路、公路、河流以及检修困难地区，也不适宜用在容易发生误动作的线路上，如档距相差悬殊或导线悬挂点高度相差十分悬殊的山区和重冰区线路等。总之，释放线夹使用有限。

（2）紧固金具。即耐张线夹，用于将导线和避雷线固定在非直线杆塔（如耐张、转角、

终端杆塔等）的绝缘子串上，承受导线或避雷线的拉力。

导线用的耐张线夹有螺栓型耐张线夹和压缩型耐张线夹。对于导线截面 240mm² 及以下者，因张力较小，采用图 1-9 （a）所示的螺栓型耐张线夹，而当导线截面为 300mm² 及以上时，则采用压缩型耐张线夹，如图 1-9 （b）所示。

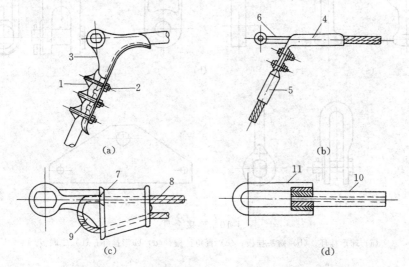

图 1-9　耐张线夹

（a）螺栓型耐张线夹；（b）导线用压缩型耐张线夹；（c）楔型耐张线夹 （d）避雷线用压缩型耐张线夹
1—压板；2—U 形螺丝；3、7—线夹本体；4—线夹铝管；5—引流板；6—钢锚；
8—钢绞线；9—楔子；10—钢管；11—钢锚拉环

避雷线用的耐张线夹有楔型线夹和压缩型线夹两种。采用截面 50mm² 以下的钢绞线作为避雷线时，使用图 1-9 （c）所示的楔型耐张线夹。若避雷线截面超过 50mm² 时由于张力较大故应用如图 1-9 （d）所示的压缩型耐张线夹。

（3）连接金具。连接金具主要用于将悬式绝缘子组装成串，并将绝缘子串连接、悬挂在杆塔横担上。悬垂线夹、耐张线夹与绝缘子串的连接，拉线金具与杆塔的连接，均要使用连接金具。根据使用条件，分为专用连接金具和通用连接金具两大类。

专用连接金具用于连接绝缘子，其连接部位的结构和尺寸必须与绝缘子相同。线路上常用的专用连接金具有球头挂环和碗头挂板 [如图 1-10 （a）、（b）所示]，分别用于连接悬式绝缘子上端钢帽及下端钢脚。

通用连接金具适用于各种情况下的连接，以荷重大小划分等级，荷重相同的金具具有互换性。线路上常用的通用连接金具有直角挂板、U 形挂环、二联板等，如图 1-10 （c）、（d）、（e）所示。

（4）接续金具。接续金具用于连接导线及避雷线的端头，接续非直线杆塔的跳线及补修损伤断股的导线或避雷线。

架空线路常用的连接金具有钳接管、压接管、补修管、并沟线夹及跳线线夹等。

导线本身连接时，当其截面为 240mm² 及以下时可采用钳接管连接，如图 1-11 （a）所示。若导线截面为 300mm² 及以上时，因其导线张力较大，如仍采用钳接管连接，其连接强度不能满足要求，故应采用压接管连接，如图 1-11 （b）所示。用压接管连接导线时，先用

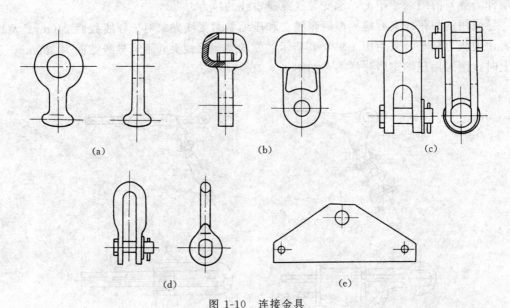

图 1-10 连接金具
(a) 球形挂环；(b) 碗头挂板；(c) 直角挂板；(d) U 形挂环；(e) 二联板

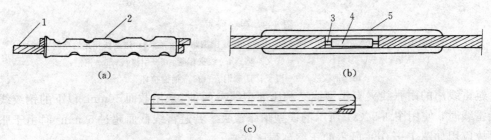

图 1-11 接续金具
(a) 导线用钳接管连接；(b) 导线用压接管连接；(c) 连接钢绞线用的钢压接管
1—导线；2—钳接管；3—导线钢芯；4—钢管；5—铝管

钢管将导线的钢芯压接连接，然后将导线外部套入铝管压接。避雷线采用钢绞线，无论截面大小均采用钢压接管用压接方法连接，如图 1-11 (c) 所示。

(5) 保护金具。保护金具分为机械和电气两大类。机械类保护金具是为防止导线、避雷线因受振动而造成断股。电气类保护金具是为防止绝缘子因电压分布不均匀而过早损坏。

线路上常使用的保护金具有防振锤、护线条、间隔棒、均压环、屏蔽环等。如图 1-12 ～图 1-14 所示。

(6) 拉线金具。拉线金具主要用于固定拉线杆塔，包括从杆塔顶端引至地面拉线之间的所有零件。根据使用条件，拉线金具可分为紧线、调节和连接三类。紧线零件用于紧固拉线端部，与拉线直接接触，必须有足够的握着力。调节零件用于调节拉线的松紧。连接零件用于拉线组装。

线路常用的拉线金具有楔型线夹、UT 形线夹、拉线用 U 形环、钢线卡子等。拉线的连接方法如图 1-15 所示。

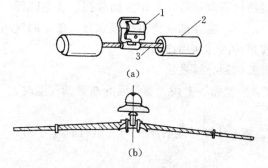

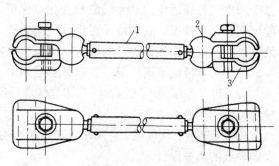

图 1-12　防振锤和护线条

（a）防振锤；（b）护线条

1—夹板；2—铸铁锤头；3—钢绞线

图 1-13　间隔棒（双分裂导线使用）

1—无缝钢管；2—间隔棒线夹；3—压舌

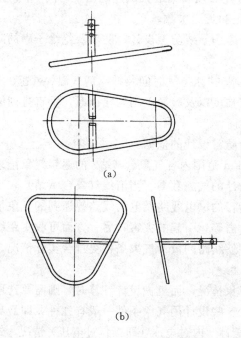

图 1-14　均压环及屏蔽环外形图

（a）均压环；（b）屏蔽环

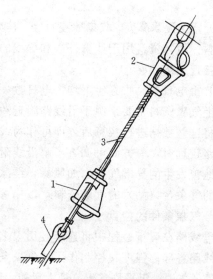

图 1-15　拉线的连接方法

1—可调式 UT 形线夹；2—楔形线夹；

3—镀锌钢绞线；4—拉线棒

第二节　架空线路设计气象条件及换算

架空线路长期露置在大气中，经常受到大自然（如大风、覆冰、气温变化、雷击等）的影响。作用在线路上的机械荷载是随气象情况的不断变化而变化的，对线路力学计算影响较大的主要因素是风速、覆冰及气温。

一、气象条件的收集和用途

架设在野外的输电线路，长年遭受大自然中各种气象环境的侵袭。为了使线路的杆塔强度和电气性能适应自然界气象的变化，保证线路的安全运行，必须全面掌握沿线地区可能出现的气象情况，正确地采用设计气象条件。因此，应详细收集沿线气象台（站）的气象资料。一般根据线路设计的要求，气象资料收集的内容和用途如下：

（1）历年极端最高气温。用以计算导线最大弧垂和导线发热。

（2）历年极端最低气温。用以计算杆塔强度，检验导线上拔力等，因为在最低气温时，导线可能产生最大应力。

（3）历年年平均气温。主要用来确定年平均气温，计算导线的年平均气温时的应力，以确定导线的防振设计。

（4）历年最大风速及最大风速月的平均气温。这是线路设计气象条件的主要资料。收集最大风速月的平均气温，其目的是确定最大风速时的气温。最大风速是计算杆塔和导线机械强度的基本条件之一。收集历年最大风速时，还必须收集最大风速的出现时间（年、月、日）、风向、风速仪型式及其安装高度、观测时距和观测次数。

（5）地区最多风向及其出现频率。主要用于考虑导线防振设计、防腐及绝缘子串的防污设计。

（6）导线覆冰厚度。收集冰凌直径、挂冰类别，挂冰持续时间及挂冰的气温、风速、风向等资料。覆冰资料用于计算杆塔和导线的机械强度以及验算不均匀覆冰时，垂直排列的导线间接近距离。

（7）雷电日数。收集年平均雷电日数，作为防雷设计的依据。

以上气象资料主要来源于沿线路附近约 100km 范围内各气象台（站）的逐年气象记录数据。将这些数据进行换算后，即可作为线路设计的气象数据。当沿线气象台（站）较少或距线路较远时，一方面可调查了解沿线附近运行的输电线路及电信线路曾遇到的气象情况（当地曾发生的异常气象，如风暴，结冰，雷击等）引起的灾害；另一方面可收集距线路更远的气象台（站）的气象资料，以作参考，使线路的设计气象条件更符合实际情况。

二、气象条件的换算

输电线路在运行过程中将连续经历很多种气象情况，而机械设计计算时，则需要选取那些对线路各部件强度起控制作用的气象条件。这些设计用气象条件一般有九种：即最高气温、最低气温、年平均气温、最大风速、最大覆冰、内过电压（即操作过电压）情况、外过电压（即大气过电压）情况以及安装情况、断线事故情况等。

1. 设计用气象条件的选取

在进行架空线路计算时，需将收集到的风速、覆冰厚度等气象资料进行换算，经过换算确定出设计用气象条件。

（1）最大风速的选取。

由于气流和地面的摩擦，风速沿高度的分布是不均匀的，离地面越高，风速越大。所以从气象台收集到的风速数值与风速仪的安装高度有关，另外风速的测记方式不同，得到的风速数值也不同。我国许多气象台普遍采用每天定时观测四次，时距为 2min 的平均风速测记方式。

我国《架空送电线路技术规程》规定，设计风速是指离地面 15m 高处若干年（例如 15年）一遇的连续自记 10min 的平均风速。所以需要把收集到的风速进行一些换算才能得到最大风速。

1）次时换算：

将风速仪安装高度为 h 的四次定时，时距 2min 的平均风速 V_2，换算为高度仍为 h 时的连续自记 10min 的平均风速 V_h，其换算公式见表 1-2。

表 1-2　　　　　四次定时 2min 平均风速与自记 10min 平均风速的换算公式

地　区	计算公式	应　用　范　围
华　北	$V_h = 0.882V_2 + 7.82$	北京、天津、河北、山西、河南、内蒙古、陕西（关中、汉中）
东　北	$V_h = 1.04V_2 + 3.2$	辽宁、吉林、黑龙江
西　北	$V_h = 1.004V_2 + 2.57$	陕西（陕北）、甘肃、宁夏、青海、新疆、西藏
西　南	$V_h = 0.576V_2 + 11.57$	贵州
云　南	$V_h = 0.625V_2 + 8.04$	
四　川	$V_h = 1.25V_2$	
湖　北	$V_h = 0.732V_2 + 7.0$	湖北、江西
湖　南	$V_h = 0.68V_2 + 9.54$	
广　东	$V_h = 1.03V_2 + 4.15$	广东、广西、福建、台湾
江　苏	$V_h = 0.78V_2 + 8.41$	上海、江苏
山　东	$V_h = 1.03V_2 + 3.76$	山东、安徽
浙　江	$V_h = 1.26V_2 + 0.53$	

注　V_2——四次定时 2min 平均风速（m/s）；
　　V_h——风速仪高度 h（m）处的连续自记 10min 平均风速（m/s）。

2）高度换算：

风速仪的安装高度不一定是 15m，因此需将风速仪安装为 h 时的连续自记 10min 的平均风速 V_h 换算为离地面 15m 高度时的连续自记 10min 的平均风速 V_{15}，一般可按下式计算

$$V_{15} = k_0 V_h \tag{1-1}$$

式中　V_{15}——距地面高度为 15m，连续自记 10min 的平均风速，m/s；

　　　V_h——距地面高度为 hm 处的连续自记 10min 的平均风速，m/s；

　　　k_0——风速高度换算系数，可由表 1-3 查取。

表 1-3　　　　　　　　　风速高度换算系数

风仪高度 h（m）	8	10	12	14	15	16	18	20	22	24	26	28	30
k_0	1.111	1.101	1.036	1.0106	1.0	0.99	0.976	0.956	0.942	0.93	0.92	0.908	0.90

3）最大风速的选定：

《架空送电线路技术规程》规定，线路应按其重要程度的不同，分别考虑最大风速的重现期。对 35～110kV 线路，应采用 15 年一遇；对 220～330kV 线路，应采用 30 年一遇；对 500kV 线路，应采用 50 年一遇。重现期越长，说明该风速越稀少，即风速越大。

最大风速的选取，是根据搜集到的历年最大风速值（经过了次时、高度换算后），用比较简单方便的"经验频率法"确定。其计算公式为

$$P = \frac{m}{n+1} \tag{1-2}$$

式中　P——最大风速出现的频率；

　　　n——统计风速的总次数；

　　　m——将统计年份内出现的全部最大风速值由大到小按递减顺序列表编号（每个风速不论数值是否相同皆须占一个编号），则序号即为该风速的 m 值。

若想选取《架空送电线路技术规程》要求保证的几十年一遇的最大风速，可将"几十年一遇"变为相应的风速出现率 P（即取年数的倒数，如 15 年一遇，$P=1/15=0.0667$；30 年一遇，$P=1/30=0.033$；50 年一遇，$P=1/50=0.02$），然后将 P 和总次数 n 代入式（1-2），求出该风速的 m 值，序号 m 所对应的风速，即为所求的最大风速选用值（若求出的 m 不是整数，则可用插入法求得）。

举例如下：

1）将所有的 20 年的最大风速，经过次时、高度换算后列表，见表 1-4。

表 1-4

年　份	1951	1952	1953	1954	1955	1956	1957	1958	1959	1960
年最大风速（m/s）	21.8	21.2	29.2	26.7	32.2	25.0	29.0	27.7	30.3	22.0
年　份	1961	1962	1963	1964	1965	1966	1967	1968	1969	1970
年最大风速（m/s）	21.0	27.1	24.0	30.3	27.1	24.0	18.6	23.2	27.1	34.2

2）将风速由大到小排列表，见表 1-5（每年一个数据、每个数据占一个序号，$n=20$）。

表 1-5

序　号 m	1	2	3	4	5	6	7	8	9	10
年最大风速（m/s）	34.2	32.2	30.3	30.3	29.2	29	27.7	27.1	27.1	27.1
频率 $p=m/n+1$	0.0467	0.0952	0.1428	0.1905	0.238	0.286	0.333	0.381	0.428	0.476
序　号 m	11	12	13	14	15	16	17	18	19	20
年最大风速（m/s）	26.7	25	24	24	23.2	22	21.8	21.2	21.0	18.6
频率 $p=m/n+1$	0.542	0.571	0.619	0.667	0.714	0.762	0.809	0.857	0.905	0.952

3）求 15 年一遇的最大风速为 $P=1/15=0.0667$，由式（1-2）求得 $m=P(n+1)=0.0667\times21=1.4$，用插入法求得最大风速 $V_{max}=32.63$（m/s）。

规程规定，用上述方法选取的最大风速，在平原地区对 35～330kV 线路不应低于 25m/s；对 500kV 线路不应低于 30m/s；山区线路一律不应低于 30m/s。

（2）覆冰厚度的选取。

在设计线路时，采用的覆冰厚度也应取 15 年一遇的数值，但当这方面的气象观测资料积累较少，很难得到较为准确的覆冰厚度数值时，应当注意调查线路通过地区的已有输电线、通讯线及自然物上的覆冰情况，根据当地的线路运行经验确定覆冰厚度。架空线上的覆冰厚度是指比重为 $0.9g/cm^3$ 等厚中空圆筒形的冰层厚度。然而实际覆冰断面可能是各种不规则形状，此时应将其换算成圆筒形，以便于计算。常用的换算方法有下列两种。

1）测水重法：

如果将试样长度为 L 的冰层全部收集起来，待冰融化后称其重量为 G，则换算标准状态（比重为 0.9，成圆筒形）的冰层厚度为

$$b = \sqrt{R^2 + \frac{G \times 10^3}{\pi \rho L}} - R \qquad (1\text{-}3)$$

式中　b——标准覆冰厚度，mm；

　　　R——无冰架空线的半径，mm；

　　　G——试样冰层融化后的质量，kg；

　　　L——导线取试样冰段长度，m；

　　　ρ——冰的标准比重，g/cm³，取 $\rho=0.9$。

2）测总重法：

测每米覆冰架空线试样的总质量，算出标准状态的冰层厚度为

$$b = \sqrt{R^2 + \frac{(G_2 - G_1) \times 10^3}{\pi \rho}} - R \qquad (1\text{-}4)$$

式中　G_2——每米覆冰架空线的总质量，kg/m；

　　　G_1——每米无冰架空线的质量，kg/m；

　　　ρ——冰的标准比重，g/cm³，取 $\rho=0.9$；

　　　其它符号同前。

（3）气温的选取。

1）最高气温一般取 $+40℃$，不考虑个别高于或低于 $+40℃$ 的记录。

2）最低气温偏低地取 5 的倍数。

3）年平均气温，取逐年的年平均气温平均值，在 $3\sim17℃$ 范围内时取与此数邻近 5 的倍数值；若地区年平均气温小于 $3℃$ 或大于 $17℃$ 时，则将年平均气温减少 $3\sim5℃$ 后，选用与此数临近的 5 的倍数值。

4）最大风速时的气温，取出现最大风速年的大风季节的最冷月平均气温，偏低地取 5 的倍数。

2. 设计用气象条件的组合及典型气象区

设计用气象条件由风速、气温和覆冰组合而成，这种组合除在一定程度上反映自然界的气象规律外，还应考虑输电线路结构和技术经济的合理性。因此，必须根据以往设计经验结合实际情况，慎重地分析原始气象资料，合理地概括出"组合气象条件"。在进行气象条件的组合时，一般应满足：线路在大风、覆冰及最低气温时，仍能正常运行；在断线事故情况下不倒杆，事故不扩大；线路在正常运行情况下，在任何季节里，导线对地或对跨越物保持足够的安全距离；在长期运行中，应保证导线和避雷线有足够的耐振性能；线路在安装过程中，不致发生人身或设备损坏事故。

（1）各种气象条件的组合情况。

1）线路正常运行情况下的气象条件组合：

线路在正常运行中使导线及杆塔受力最严重的气象条件有最大风、覆冰及最低气温三种情况，但这三种最严重的气象条件不应组合在一起。因为最大风速的出现是冷热气流的热量交换加速所致，一般多在夏秋季节发生，而最低气温则在冬秋无风时出现；又因最大

风速或最低气温时，大气中均无"过冷却"水滴存在，所以架空线不可能覆冰。因此，线路在正常情况下的气象条件组合为：最大风速、无冰和相应的气温（大风季节最冷月的平均气温）；最低温度、无冰、无风；覆冰、相应风速、气温为−5℃；年平均气温、无风、无冰。

前三组气象条件下，导线应力可能为最大值。最大风和覆冰时导线的机械荷载大；最低温度时，导线收缩而使导线应力增加。在这三组荷载下，导线的应力不得超过允许应力。

最后一组为平均运行应力的气候条件组合。它是从导线防振的观点提出的。因为导线振动是发生在均匀稳定的微风情况下，所以近似地取风速为零。导线振动时，会给导线施加一个附加应力，因而在导线振动时，导线的静态应力要控制在一定限度内。

2）线路事故情况下的气象条件组合：

这里线路事故情况仅指断线情况，不包括杆塔倾覆或其它停电等事故。断线大多是由外力引起的，与气象条件无规律性联系。而计算断线的目的在一定意义上说，是为了计算杆塔强度，其气象条件是根据以往运行经验而确定的。规程规定的断线情况气象条件组合为：覆冰厚度为 10mm 以下地区无风、无冰、历年最低气温月的最低平均气温值；覆冰厚度为 10mm 以上地区有冰、无风、气温为−5℃。

3）线路安装和检修情况下的气象条件组合：

线路一年四季中均有安装、检修的可能，但遇严重气象情况时则应暂停。规程规定："遇有六级（风速为 10.8～13.8m/s）以上大风，禁止高空作业"。因此，安装、检修情况下的气象条件组合为：10m/s、无冰、气温为最低气温月的平均气温。这一气象条件组合基本上能概括全年的安装、检修时的气象情况，但对其它特殊情况，如冰、风中的事故抢修，或安装中途出现大风等情况，只有靠安装时用辅助加强措施来解决。

（2）典型气象区。

为了设计、制造上的标准化和统一性，根据我国不同地区的气象情况和多年的运行经验，规程把全国划分成九个典型气象区，见表 1-6。当所设计线路经过地区的气象情况接近某一典型气象区的气象情况时，可直接取用该典型气象区的气象条件进行组合；若所设计线路经过地区的气象情况与各典型气象区的气象条件相差悬殊时，则应按实际搜集的气象资料经过换算、组合为设计气象条件进行设计。

表 1-6 全国典型气象区气象条件

典型气象区		I	II	III	IV	V	VI	VII	VIII	IX②
大气温度（℃）	最 高	+40								
	最 低	−5	−10	−10① (−5)	−20	−10 (−20)	−20 (−40)	−40 (−20)	−20	−20
	覆 冰	—	−5							
	最大风	+10	+10	−5	−5	+10 (−5)	−5	−5	−5	−5
	安 装	0	0	−5	−10	−5	−10	−15	−10	−10
	外过电压	+15								
	内过电压	+20	+15	+15	+10	+15	+10	−5	+10	+10
	年平均气温	+20	+15	+15	+15	+15	+10	−5	+10	+10

典型气象区		I	II	III	IV	V	VI	VII	VIII	IX②
风 速 （m/s）	最大风	35 (30)	30 (25)	25	25	30 (25)	25	30 (25)	30 (25)	30
	覆 冰	—				10			15 (10)	15
	安 装					10				
	外过电压	15 (10)				10				
	内过电压				0.5×最大风速（不低于15m/s）					
覆冰厚度（mm）		0	5	5	5	10	10	10	15	20
冰的比重						0.9				

① 表内一个栏内有两个数值的，带括号的适用于10kV及以下的线路，不带括号的适用于35～330kV架空送电线路。

② IX级气象区仅适用于35～330kV线路。

第三节　架空线路的设计及路径选择

架空线路设计，一般分为初步设计和施工图设计两个阶段。

初步设计是工程设计的重要阶段，主要的设计原则，都在初步设计中明确，应尽全力研究透彻。初步设计阶段应着重对不同的线路路径方案进行综合的技术经济比较，取得有关协议，选择最佳的路径方案；充分论证导线和避雷线、绝缘配合及防雷设计的正确性，确定各种电气距离；认真选择杆塔及基础形式；合理进行通信保护设计；对于严重污秽区、大风和重冰雪地区、不良地质和洪水危害地段、特殊大跨越设计等均要列出专题进行调查研究，提出专题报告。

施工图设计是按照初步设计原则和设计审核意见所作的具体设计。是由施工图纸和施工说明书、计算书、地面标桩等组成。

一、初步设计

在初步设计阶段为了确定设计原则，需编写初步设计书并附有关图纸；为了工程建设加工定货，需编写设备材料清册，估计主要设备材料的数量；为了国家有计划的进行经济建设，安排工程投资和施工单位合理的使用资金，需编写概算书；为了合理的组织施工，需编写施工组织设计。故此，初步设计一般要编写设计书及附图、设备材料清单、施工组织设计、概算书等四卷设计。

二、施工图设计

初步设计上报上级主管部门后，上级主管部门召集运行、建设、施工单位以及建设银行共同审查初步设计，提出初步设计审核意见。设计单位依据初步设计审核意见进行施工图设计。设计包括：施工图总说明书及附图；线路平断面图及杆塔位明细表；机电施工图及说明书；杆塔施工图及说明书；基础施工图及说明书；大跨越设计施工图及说明书；通信保护施工图及说明书；预算书；勘测资料；工程技术档案资料。

三、设计程序

架空线路的设计程序，大体上用方框图表示。但实际上不可避免的有一定的交叉、反复、充实的过程，基本的设计流程如下：

（1）初步设计程序（图1-16）。

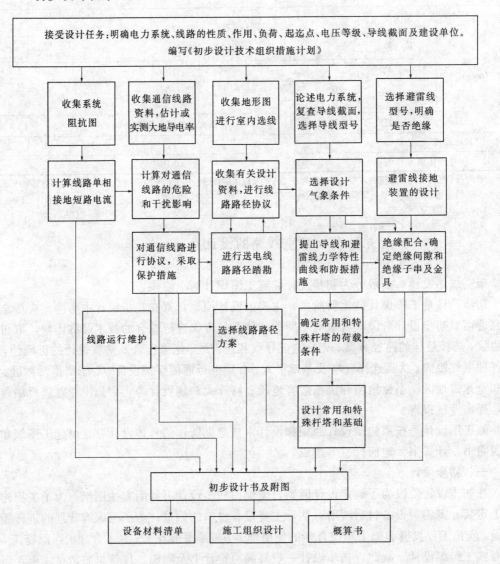

图1-16 初步设计程序方框图

（2）施工图设计程序（图1-17）。

四、选线的步骤

要使输电线路设计的既安全可靠，又经济合理，必须对线路情况作全面而细致的调查研究，以便正确地选定线路的路径方案。

路径选择的目的，就是要在线路起止点间选出一个全面符合国家建设各项方针政策的最合理的线路路径。因此，选线人员在选择线路路径时，应遵循各项方针、政策，对运行安全、经济合理、施工方便等因素进行全面考虑，综合比较，选择出一个技术上、经济上合理的线路路径。选线一般分为室内图上选线和现场选线两条进行。

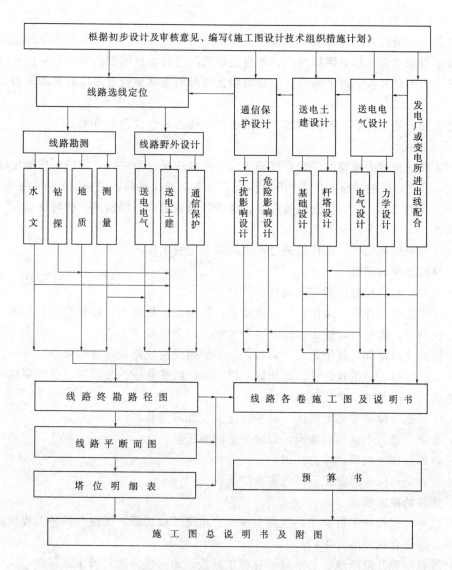

图 1-17　施工图设计程序方框图

1. 室内图上选线

图上选线在五万分之一或十万分之一的地形图上进行。必要时也可选用比例尺比五万分之一更大的地形图。其步骤如下：

（1）先在图上标出线路起止点、必经点，然后根据收集到的资料，避开一些设施和影响范围，同时考虑地形和交通条件等因素，按照线路路径最短的原则，给出几个方案，经过比较，保留两个较好的方案。

（2）根据系统远景规划，计算短路电流，校验对重要电信线路的影响，提出对路经的修正方案或防护措施。

（3）向邻近或交叉跨越设施的有关主管部门征求线路路径的意见，并签订有关协议。签订协议应遵循国家有关法律、法令和有关规程的规定，应本着统筹兼顾互谅互让的精神来进行。

（4）然后还应进行现场踏勘，验证图上方案是否符合实际。有时可不沿全线踏勘，而仅对重点地段如重要跨越，拥挤地段、不良地质地段进行重点踏勘。对协议单位有特殊要求的地段、大跨越地段、地下采空区、建筑物密集预留走廊地段等用仪器初测取得必要得数据。

经过上述各项工作后，再通过技术经济比较，选出一个合理的方案。

2. 现场选线

现场选线是把室内选定的路径在现场落实、移到现场；为定线、定位工作确定线路的最终走向；设立必要的线路走向的临时目标（转角桩、为线路前后通视用的方向桩等），定出线路中心线的走向，在现场选线过程中，还应顾及到塔位，特别是一些特殊塔位（如转角、跨越点、大跨越等）是否能够成立。

现场选线可以在定线、定位前进行，也可以与定线工作一起进行。

五、路径选择的原则

（1）选择线路路径时应遵守我国有关法律和法令。

（2）在可能的条件下，应使路径长度最短，转角少，角度小，特殊跨越少，水文地质条件好，投资少，省材料，施工方便、运行方便、安全可靠。

（3）沿线交通便利，便于施工、运行，但不要因此使线路长度增加较多。

（4）线路应尽可能避开森林、绿化区、果木林、防护林带、公园等，必须穿越时也应从最窄处通过，尽量减少砍伐树木。

（5）路径选择应尽量避免拆迁，减少拆迁房屋和其它建筑物。

（6）线路应避开不良地质地段，以减少基础施工量。

（7）应尽量少占农田，不占良田。

（8）应避免与同一河流工程设施多次交叉。

六、选线的技术要求

（1）线路与建筑物平行交叉，线路与特殊管道交叉或接近，线路与各种工程设施交叉和接近时，应符合规程的要求。

（2）线路应避开沼泽地、水草地、易积水及盐碱地。线路通过黄土地区时，应尽量避开冲沟、陷穴及受地表水作用后产生强烈湿陷性地带。

（3）线路应尽量避开地震烈度为六度以上的地区，并应避开构造断裂带或采用直交、斜交方式通过断裂带。

（4）线路应避开污染地区，或在污染源的上风向通过。

（5）线路转角点宜选在平地或山麓缓坡上。转角点应选在地势较低，不能利用直线杆塔或原拟用耐张杆塔的处所。转角点应有较好的施工紧线场地并便于施工机械到达。转角点应考虑前后两杆塔位置的合理性，避免造成相邻两档档距过大或过小使杆塔塔位不合理或使用高杆塔。

线路转角点不宜选在高山顶、深沟、河岸、堤坝、悬崖、陡山坡或易被洪水冲刷、淹没之处。

（6）跨河点选择：

1）尽量选择在河道狭窄、河床平直、河岸稳定、不受洪水淹没的地段。对于跨越塔位应注意地层稳定、河岸无严重冲刷现象。塔位土质均匀无软弱地层存在（淤泥、湖沼泥炭、易产生液化的饱和砂土等），且地下水位较深。

2）不宜在码头、泊船的地方跨越河流。避免在支流入口处、河道弯曲处跨越河流。避免在旧河道，排洪道处跨越。

3）必须利用江心岛、河漫滩及在河床架设杆塔时，应进行详细的工程地质勘探、水文调查和河断面测量。

（7）山区路径选择：

1）尽可能避开陡坡、悬崖、滑坡、崩塌、不稳定岩堆、泥石流、卡斯特溶洞等不良地质地段。

2）线路与山脊交叉时，应从山鞍部经过。线路沿山麓经过时，注意山洪排水沟位置，尽量一档跨过。线路不宜沿山坡走向，以免增加杆高或杆位。

3）在北方，应避免沿山区干河沟架线。必要时，杆位应设在最高洪水位以上不受冲刷的地方。

4）特别注意交通问题、施工和运行维护条件。

（8）矿区选线：

应尽量避开塌陷及可能塌陷的地方，避开爆破开采或火药库事故爆炸可能波及的范围。应避免通过富矿区，尽量绕行于矿区边沿。如果线路必须通过开采区或采空区时，应根据矿区开采情况、地质及下沉情况，计算和判断地表稳定度。保证基础的下沉不影响线路的安全运行。

（9）严重覆冰地区选线：

1）要调查清楚已有线路、植物等的覆冰情况（冰厚，突变范围）、季节风向、覆冰类型、雪崩地带等。避免在覆冰严重地段通过。

2）避免靠近湖泊且在结冰季节的下风向侧经过，以免出现严重结冰现象。

3）避免出现大档距，避免在山峰附近迎风面侧通过。

4）注意交通运输情况，尽量创造维护抢修的便利条件。

七、路径协议

当跨越与接近重要地区（如铁路、公路、航运、厂矿、邮电、机场等）时，在线路经初步确定后，应与有关单位进行协议，取得书面答复文件。此外，还应与市、县规划部门协商，取得规划部门的同意。

第四节　导线与避雷线的选择

一、确定导线和避雷线的截面

1. 导线选择

如何选择线路导线截面是电力网设计中的一个重要问题。线路的能量损耗同电阻成正比，增大导线截面可以减少能量损耗。但是线路的建设投资却随导线截面的增大而增加。综合考虑这两个互相矛盾的因素，采用按经济电流密度选择导线截面，这样可使线路运行有

表 1-7　　　　经济电流密度（A/mm²）

导线材料	最大负荷利用小时数 T_{max}		
	3000 以下	3000～5000	5000 以上
铝	1.65	1.15	0.90
铜	3.00	2.25	1.75

最好的经济效果。我国现行的经济电流密度见表 1-7。

对于各种电压等级的电力线路一般都要按经济电流密度选择其导线的截面，根据给定的线路在正常运行方式下的最大负荷电流 I_{max} 和最大负荷利用小时数，即可按经济电流密度 J 计算出导线的经济截面 S 为

$$S = \frac{I_{max}}{J} \quad (mm^2) \tag{1-5}$$

从相关手册中选取一种与 S 最接近的标准截面的导线，然后再按其它的技术条件校验截面是否满足要求。关于这些技术条件简要说明如下。

（1）电晕校验。

为了降低能量损耗，防止产生电晕干扰，对于 110kV 及以上电压等级的线路，应按电晕条件校验导线截面，所选导线的直径应不小于表 1-8 所列数值。

表 1-8　　　　　　不必验算电晕的导线（适用于海拔小于 1000m 的地区）

额定电压（kV）	110	220	330	500
导线外径（mm）	9.6	21.3	2×21.3	3×27.4～4×23.7
相应导线型号	LGJ—50	LGJ—240	LGJ—240×2	LGJQ—400×3～300×4

（2）机械强度校验。

为了保证电力运行安全可靠，一切电压等级的电力线路都要具有必要的机械强度。对于跨越铁路，通航河流和运河、公路、通信线路和居民区的线路，其导线截面应不小于 35mm²。通过其它地区的线路最小容许截面：35kV 以上线路为 25mm²，35kV 及以下线路为 16mm²。任何线路都不许使用单股导线。

（3）热稳定校验。

一切电压等级的电力线路都要按发热条件校验导线截面。所选导线的最大容许持续电流应大于该线路在正常或故障后运行方式下可能通过的最大持续电流。

（4）电压损耗校验。

对于 10kV 及以下电压等级的线路，如果电压调整问题不能或不宜（经济上不合算）由别的措施解决时，可按允许电压损耗选择导线截面。但要注意，如果导线截面已大于 95mm²，继续增大导线截面对降低电压损耗的作用就不大了。对于 35kV 及以上电压等级的线路，一般都不采用增大导线截面的办法来减少电压损耗。

在校验过程中，若不满足上述技术条件中的哪一条，则应按该技术条件决定导线截面。

2. 避雷线的选择

避雷线是送电线路最基本的防雷措施之一。避雷线在防雷方面具有以下功能：①防止雷直击导线；②雷击塔顶时对雷电流有分流作用，减少流入杆塔的雷电流，使塔顶电位降低；③对导线有耦合作用，降低雷击塔顶时塔头绝缘（绝缘子串和空气间隙）上的电压；④对导线有屏蔽作用，降低导线上的感应过电压。

对各级电压线路架设避雷线的要求有如下规定：

（1）330kV 及 500kV 线路应沿全线架设双避雷线。

（2）220kV 线路应沿全线架设避雷线。在山区，宜架设双避雷线，但少雷区除外。

（3）110kV 线路一般沿全线架设避雷线。在雷电活动特殊强烈地区，宜架设双避雷线。在少雷区或运行经验证明雷电活动轻微地区，可不沿全线架设避雷线，但应装设自动重合闸装置。

（4）60kV 线路，负荷重要且所经地区年平均雷暴日数为 30 以上地区，宜沿全线架设避雷线。

（5）35kV 及以上线路，一般不沿全线架设避雷线。

按规程规定，避雷线与导线配合，应符合表 1-9 的要求。

表 1-9　　　　　　　　　　常用导线和避雷线配合表

导线型号	LGJ—35 LGJ—50 LGJ—70	LGJ—95 LGJ—120 LGJ—150 LGJ—185 LGJQ—150 LGJQ—185	LGJ—240 LGJ—300 LGJQ—240 LGJQ—300 LGJQ—400	LGJ—400 LGQ—500 及以上
避雷线型号	GJ—25	GJ—35	GJ—50	GJ—70

二、导线在杆塔上的排列方式及线间距离

1. 导线在杆头的排列方式

导线在塔头上的布置形式大体上可以分为三类：水平排列、垂直排列和三角形排列。后者实际上是前两种方式的结合。

2. 导线的线间距离

当导线处于铅垂静止平衡位置时，它们之间的距离叫做线间距离。确定导线线间距离，要考虑两方面的情况：一是导线在杆塔上的布置形式及杆塔上的间隙距离；二是导线在档距中央相互接近时的间隙距离。取两种情况的较大者，决定线间距离。

（1）按导线在杆塔上的绝缘配合决定线间距离。

以导线采用水平排列为例来说明这一问题（参见图 1-18）。

根据绝缘子风偏角计算出导线间的线间距离为

$$D = 2\lambda\sin\varphi + 2R + b \tag{1-6}$$

式中　D——导线水平线间距离，m；

R——最小空气间隙距离，按三种情况（工作电压、外过电压、内过电压）分别计算；

b——主柱直径或宽度；

φ——绝缘子半风偏角（有三个值）。

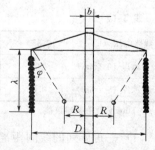

由三种电压情况计算出的 D 中，选其中大者做为线间距离。

（2）按导线在档距中央的工作情况决定线间距离。

图 1-18　导线采用水平排列

水平排列的导线由于非同步摆动在档距中央可能互相接近。垂直排列的导线由于覆冰不均匀或不同时脱冰上下摆动或受风作用而舞动等原因，上下层导线也可能互相接近。为保证必须的相间绝缘水平，必须有一定的线间距离。垂直布置的导线还应保证一定的水平偏移。目前根据经验来确定线间距离。

1）水平线间距离：

《架空送电线路技术规程》规定对 1000m 以下档距，导线的水平线间距离一般按下式计算

$$D = 0.4\lambda + \frac{U}{110} + 0.65\sqrt{f} \qquad (1-7)$$

式中　D——导线水平线间距离，m；

　　　λ——悬垂绝缘子串长度，m；

　　　U——线路电压，kV；

　　　f——导线最大弧垂，m。

一般情况下，在覆冰厚度为 10mm 及以下的地区，使用悬垂绝缘子串的杆塔，其水平线间距离与档距的关系，可采用表 1-10 所列数值。

表 1-10　　　　　　　　　　水平线间距离与档距的关系（m）

电压（kV） ＼ 水平线间距离（m）	2	2.5	3	3.5	4	4.5	5	5.5	6	6.5	7
35	170	240	300								
60			265	335	400						
110			300	375	450						
220									525	615	700

表 1-11　最小垂直线间距离

线路电压（kV）	35	60	110	220	330	500*
垂直线间距离（m）	2.0	2.25	3.5	4.5	7.5	10

* 500kV 数值系建议值。

2）垂直线间距离：

在一般地区，考虑到导线覆冰情况较少，导线发生舞动的情况更为少见，因此，规程（SDJ3—79）。推荐导线垂直相间距离可为水平相间距离的 0.75 倍，即式（1-7）计算结果乘以 0.75，并对各级电压线路规定了使用悬垂绝缘子串杆塔的最小垂直距离值，见表 1-11。但这一垂直距离的规定，在具有覆冰的地区则嫌不够，尚需考虑导线间的水平偏移才能保证线路的运行安全，所以规程中又对导线间水平偏移的数值作了相应的规定，见表 1-12。

表 1-12　　　　　　　　　　上下层线间的水平偏移（m）

线路电压（kV）	35	60	110	220	330	500*
设计冰厚 10（mm）	0.2	0.35	0.5	1.0	1.5	1.75
设计冰厚 15（mm）	0.35	0.5	0.7	1.5	2.0	2.5

* 500kV 数值系建议值。

3）三角排列的线间距离：

导线呈三角排列时，先把其实际的线间距离换成等值水平线间距离。等值水平线间距

离一般用下式计算

$$D_x = \sqrt{D_P^2 + \left(\frac{4}{3}D_z\right)^2}$$　　　　　　(1-8)

式中　D_x——导线三角排列的等值水平线间距离，m；

　　　D_P——导线间的水平投影距离，m；

　　　D_z——导线间的垂直投影距离，m。

　　根据三角排列尺寸求出的等值水平线间距离应不小于式(1-7)的计算值。

三、避雷线与导线间的距离

（1）对边导线的保护角应满足防雷的要求，如图1-19保护角为

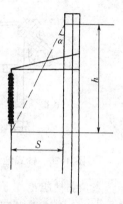

$$\alpha = tg^{-1}\frac{S}{h}$$　　　　　　(1-9)

式中　α——对边导线的保护角；

　　　S——导、地线间的水平偏移，m；

　　　h——导、地线间的垂直距离，m。

　　α的值一般取 $20°\sim30°$，330kV 线路及双避雷线 220kV 线路，一般采用 20°左右。山区单避雷线线路，一般采用 25°左右。对大跨越档高度超过 40m 的杆塔，α 不宜超过 20°。对于发电厂及变电所的进线段，α 不宜超过 20°，最大不应超过 30°。

图 1-19　对边导线
的保护角

（2）避雷线和导线的水平偏移应符合表 1-12 所示。

（3）双避雷线线路，两避雷线间距离不应超过避雷线与导线间垂直距离的 5 倍。

（4）在档距中央，导线与避雷线间距离 $S_{d·b}$ 在 +15℃，无风的气象条件下应满足下式

$$S_{d·b} \geqslant (0.012l + 1)$$　　　　　　(1-10)

式中　l——线路的档距，m。

　　对大档距应满足

$$S_{d·b} \geqslant 0.1I_0 \text{ 和 } S_{d·b} \geqslant 0.1U_e$$　　　　　　(1-11)

式中　I_0——线路耐雷水平，kA；

　　　U_e——线路额定电压，kV。

第五节　绝缘子的选择

一、绝缘子的种类及选择

　　绝缘子是用来支承和悬挂导线，并使导线与杆塔绝缘。它应具有足够的绝缘强度和机械强度，同时对化学杂质的侵蚀具有足够的抗御能力，并能适应周围大气条件的变化，如温度和湿度变化对它本身的影响等。

　　架空线常用的绝缘子有针式绝缘子、悬式绝缘子、瓷横担绝缘子等形式。

1. 针式绝缘子

外形如图 1-20 所示，这种绝缘子用于电压不超过 35kV 的线路上以及导线拉力不大的

线路上，主要用于直线杆塔和小转角杆塔。针式绝缘子制造简易、廉价、但耐雷水平不高，雷击不容易闪络。

2. 悬式绝缘子

外形如图 1-21 (a) 所示，这种绝缘子广泛用于电压为 35kV 以上的线路，通常都把它们组装成绝缘子链使用，如图 1-21 (b) 所示。每链绝缘子的数目与额定电压有关，具体计算在下面叙述。

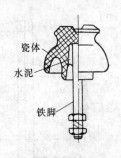

图 1-20 针式绝缘子

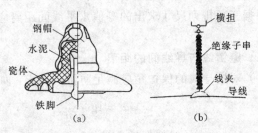

图 1-21 悬式绝缘子

(a) 单个悬式绝缘子；(b) 悬式绝缘子链

3. 瓷横担绝缘子

这种绝缘子是同时起到横担和绝缘子作用的一种新型绝缘子结构，其外形如图 1-22 所示。这种绝缘子能在断线时转动，可避免因断线而扩大事故。

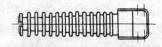

图 1-22 瓷横担绝缘子

二、悬式绝缘子的片数确定

悬式绝缘子广泛应用于各电压等级上，下面说明悬式绝缘子的选择。

绝缘子在工作中要受到各种大气环境影响，并可能受到工作电压、内部过电压和大气过电压的作用。因而要求在这三种电压作用以及相关的环境之下能够正常工作或保持一定绝缘水平。

1. 按正常工作电压决定每串绝缘子的片数

三种电压以工作电压数值为最低。但是，工作电压一年四季长期作用于绝缘子，当绝缘子表面被污染，特别是积了导电污秽又受潮时，在工作电压长时间作用下绝缘子可能因表面污秽不均匀发热、局部烘干后烘干带被击穿、泄漏电流加大导致热游离而发生污闪。污闪电压和污秽性质、程度有关，和受潮状况等因素有关，它具有统计规律。

为了防止污闪的发生，目前采用的主要方法是保证绝缘子串有一定的泄漏距离。根据污染程度、性质的不同，把污秽地区分成等级，按不同的污秽区规定不同的单位泄漏距离。单位泄露距离也叫泄漏比距，它表示线路绝缘或设备外绝缘泄漏距离与线路额定线电压的比值，我国的规定值见表 1-13。

绝缘子串的泄漏距离应满足下式

$$D \geqslant Ud \qquad (1-12)$$

式中　D——绝缘子串的泄漏距离，cm；

　　　U——线路额定电压，kV；

　　　d——泄漏比距，cm/kV。

24

表 1-13

污秽等级	污秽情况	泄漏比距 (cm/kV)
0 级	一般地区，无污染源	1.6
1 级	空气污秽的工业区附近，盐碱污秽，炉烟污秽	2.0～2.5
2 级	空气污秽较严重地区，沿海地带及盐场附近，重盐碱污秽，空气污秽又有重雾的地带，距化学性污源 300m 以外的污秽较严重的地区	2.6～3.2
3 级	导电率很高的空气污秽地区，发电厂的烟窗附近且附近有水塔，严重的盐雾地区，距化学性污源 300m 以内的地区	≥3.8

知道每片绝缘子的泄漏电流距离，即可决定绝缘子的片数 n。

绝缘子的泄漏电流距离指两极间沿绝缘件外表面轮廓的最短距离，如图 1-23 中的 A、B 两点间虚线所示的距离。

直线杆每串绝缘子片数为

$$n = D/S \qquad (1\text{-}13)$$

式中　D——绝缘子串应有的泄漏距离，cm；

　　　S——每片绝缘子的泄漏距离，cm；

　　　n——直线杆绝缘子串的绝缘子片数。

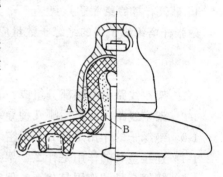

图 1-23　绝缘子的泄漏电流距离

2. 根据内部过电压决定绝缘子片数

绝缘子串在内部过电压下不应发生闪络，概率应很低。因此要求绝缘子串的操作冲击湿闪电压大于操作过电压的数值。

如果绝缘子手册或产品目录上设有绝缘子的操作冲击湿闪电压，或对于 220kV 及以下线路，可以用于工频湿闪电压换算成操作冲击湿闪电压。这时，绝缘子串的工频湿闪电压应满足下式

$$U_S \geqslant \frac{K_0 U_{pm}}{K_1 K_2 K_3 K_4 K_5 K_6 K_7} \qquad (1\text{-}14)$$

式中　U_S——绝缘子串工频湿闪电压，kV，有效值；

　　　K_0——内过电压倍数；

　　　U_{pm}——最大工作电压，kV，有效值；

　　　K_1——耐受电压和闪络电压的比值，$K_1 = 0.9$；

　　　K_2——作用时间换算系数，$K_2 = 1.1$，考虑系数 K_2 即把绝缘子工频放电电压换算成操作冲击放电电压；

　　　K_3——空气密度校正系数，考虑运行条件下大气压力不同于标准大气压力，取 $K_3 = 0.925$；

　　　K_4——雨量系数，考虑实际雨量极少达到标准试验条件 3mm/min，取 $K_4 = 1.05$；

　　　K_5——瓷表面污秽系数，考虑实际运行的绝缘子表面比试验条件脏污，取 $K_5 = 0.95$；

　　　K_6——水阻系数，考虑天然雨水的电阻率大于试验条件下的 $10^4 \Omega \cdot cm$，取 $K_6 = 1.1$；

K_7——其它不利于因素系数取 $K_7 = 0.9$。

事实上，K_1 和 K_7 是为了保证绝缘子在内过电压下不发生闪络的安全系数。

3. 大气过电压下线路的绝缘

在大气过电压下，并不要求线路绝缘不发生闪络，而是要求线路绝缘具有一定的耐雷水平。这样，可以把线路的跳闸率限制到较低的数值。耐雷水平除了和绝缘水平有关之外，还和杆塔接地电阻、电杆电感、避雷线根数等因素有关。在一般情况下，不采用增加绝缘子片数的方法满足耐雷水平的要求。但对于高杆塔则应考虑防雷的要求，适当增加绝缘子片数。全高超过 40m 有避雷线的杆塔，高度每增加 10m 应增加一片绝缘子。全高超过 100m 的杆塔，绝缘子数量可以根据计算结合运行经验来确定。

4. 耐张杆塔的绝缘子片数

耐张杆塔绝缘子串的绝缘子数量应比悬垂绝缘子的同型绝缘子多一个。

习　题

1-1　架空线路由哪些部分组成？各部分的作用是什么？

1-2　架空线路一般采用哪几种导线？

1-3　绝缘子的作用是什么？架空线路常用哪些绝缘子？

1-4　连接金具的作用是什么？架空线路常用哪些连接金具？

1-5　接续金具的作用是什么？架空线路常用哪些接续金具？

1-6　保护金具的作用是什么？架空线路常用哪些保护金具？

1-7　杆塔的作用是什么？架空线路的杆塔有哪些类型？

1-8　什么是设计用气象条件？线路在正常运行情况下的气象条件组合有几种？

第二章　均匀荷载孤立档距导线力学基本计算

第一节　导线的机械物理特性及比载

一、导线的机械物理特性

导线的机械物理特性是指瞬时破坏应力、弹性系数、温度线膨胀系数及比重。

1. 导线的瞬时破坏应力

对导线做拉伸试验，将测得的瞬时破坏拉断力除以导线的截面积，就得到瞬时破坏应力，如下式所示

$$\sigma_P = \frac{T_P}{S} \tag{2-1}$$

式中　σ_P——导线的瞬时破坏应力，MPa；

$\quad T_P$——导线瞬时破坏拉断力，N；

$\quad S$——导线截面积，mm^2。

对于钢芯铝绞线来说，σ_P 是指综合瞬时破坏应力。

2. 导线的弹性系数

导线的弹性系数是指在弹性限度内，导线受拉力时，其应力与应变的比例系数，其值用下式表示：

$$E = \frac{\sigma}{\varepsilon} = \frac{TL}{S\Delta L} \tag{2-2}$$

式中　E——导线的弹性系数，MPa；

$\quad T$——导线拉力，N；

$\quad S$——导线截面积，mm^2；

$\quad L$——导线的原长，m；

$\quad \Delta L$——导线的伸长量，m；

$\quad \sigma$——导线应力，MPa；

$\quad \varepsilon$——导线应变，即导线受拉力时的单位长度的变形量，$\varepsilon = \dfrac{\Delta L}{L}$。

导线弹性系数的倒数，称为弹性伸长系数 β，即

$$\beta = \frac{1}{E} = \frac{\varepsilon}{\sigma} \tag{2-3}$$

弹性伸长系数的物理含义，就是表征导线施以单位应力时能产生的相对变形。

3. 导线的温度线膨胀系数

导线温度升高 1℃ 引起的相对变形量（应变），称为导线的温度线膨胀系数，用下式表示

$$\alpha = \frac{\varepsilon}{\Delta t} \tag{2-4}$$

式中　α——导线温度线膨胀系数，1/℃；

　　　ε——温度变化引起的导线相对变形量；

　　　Δt——温度变化量，℃。

4. 比重

当导线是由单质材料构成的多股绞线时，其比重就是原材料的比重；对于钢芯铝绞线，由于钢部、铝部截面积之比不同，其导线比重也随着变化，所以一般不列出比重。

导线和避雷线的机械物理特性数值可参见表 2-1。

表 2-1　导线及避雷线的机械物理特性［《架空送电线路设计技术规程》（SDJ3—79）］

导线、避雷线种类		机械物理特性	瞬时破坏应力 (MPa)	弹性系数 E (N/mm²)	线膨胀系数 α (1/℃)	比重
钢芯铝线		LGJ—70 及以下	264.8	78450	19×10^{-6}	
		LGJ—95～400	284.4			
轻型钢芯铝线		LGJQ—150～300	245.2	72570	20×10^{-6}	
		LGJQ—400～700	235.4			
加强型钢芯铝线		LGJJ—150～240	304.0	81400	18×10^{-6}	
		LGJJ—300～400	313.8			
铝绞线	7 股	股径≤3.5mm	147.1	58840	23×10^{-6}	2.7
		股径>3.5mm	137.3			
	19 股	股径≤3.5mm	147.1	55900	23×10^{-6}	2.7
		股径>3.5mm	137.3			
	37 股		137.3	55900	23×10^{-6}	2.7
	61 股		132.4	53940	23×10^{-6}	2.7
镀锌钢绞线			1176.8	181420	11.5×10^{-6}	7.8

注　对各型钢芯铝线，系指综合瞬时破坏应力。力的单位用 1kgf=9.80665N 进行了换算。

二、导线的比载

作用在导线上的机械荷载有自重、冰重和风压。这些荷载可能是不均匀的，但为了便于计算，一般按沿导线均匀分布考虑。在导线计算中，常把导线受到的机械荷载用比载表示。所谓比载是指导线单位长度、单位截面积上的荷载。常用的比载共有七种，计算如下。

1. 自重比载

导线本身重量所造成的比载称为自重比载，按下式计算

$$g_1 = 9.8\frac{m_0}{S}\times10^{-3} \tag{2-5}$$

式中　g_1——导线的自重比载，N/m·mm²；

　　　m_0——每公里导线的质量，kg/km；

　　　S——导线截面积，mm²。

2. 冰重比载

导线覆冰时，由于冰重产生的比载称为覆冰比载，假设冰层沿导线均匀分布并成为一

个空心圆柱体，如图 2-1 所示，冰重比载可按下式计算

$$g_2 = 27.708 \frac{b(b+d)}{S} \times 10^{-3} \qquad (2-6)$$

式中　g_2——冰重比载，N/m·mm²；

　　　b——覆冰厚度，mm；

　　　d——导线直径，mm；

　　　S——导线截面积，mm²。

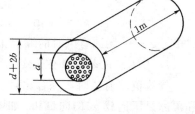

图 2-1　覆冰的圆柱体

3. 导线自重和冰重总比载

导线自重和冰重总比载等于二者比载之和，即

$$g_3 = g_1 + g_2 \qquad (2-7)$$

式中　g_3——导线自重和冰重总比载，N/m·mm²。

4. 无冰时风压比载

无冰时作用在导线上每米长每平方毫米的风压荷载称为无冰时风压比载，可按下式计算

$$g_4 = \frac{0.6125\alpha Cdv^2}{S} \times 10^{-3} \qquad (2-8)$$

式中　g_4——无冰时导线风压比载，N/m·mm²；

　　　C——风载体型系数，当导线直径＜17mm 时，$C=1.2$；当导线直径≥17mm 时，$C=1.1$；

　　　d——导线直径，mm；

　　　v——设计风速，m/s；

　　　S——导线截面积，mm²；

　　　α——风速不均匀系数，采用表 2-2 所列数值。

表 2-2　　　　　　　　　　各种风速下的风速不均匀系数 α

设计风速（m/s）	20 以下	20～30	30～35	35 及以上
α	1.0	0.85	0.75	0.70

5. 覆冰时的风压比载

覆冰导线每米长每平方毫米的风压荷载称为覆冰风压比载，可按下式计算

$$g_5 = \frac{0.6125\alpha C(2b+d)v^2}{S} \times 10^{-3} \qquad (2-9)$$

式中　g_5——覆冰风压比载，N/m·mm²；

　　　C——风载体型系数，取 $C=1.2$；

　　　其它符号意义同式（2-8）。

6. 无冰有风时的综合比载

无冰有风时，导线上作用着垂直方向的比载 g_1 和水平方向的比载 g_4，按向量合成可得综合比载 g_6，如图 2-2 所示。g_6 称为无冰有风时的综合比载，可按下式计算

$$g_6 = \sqrt{g_1^2 + g_4^2} \qquad (2\text{-}10)$$

式中 g_6——无冰有风时的综合比载，N/m·mm²。

7. 有冰有风时的综合比载

导线覆冰有风时，综合比载 g_7 为垂直总比载 g_3 和覆冰风压比载 g_5 的向量和，如图 2-3 所示，可按下式计算

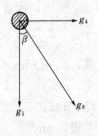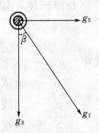

图 2-2 无冰   图 2-3 覆冰
有风综合比载   有风综合比载

$$g_7 = \sqrt{g_3^2 + g_5^2} \qquad (2\text{-}11)$$

式中 g_7——有冰有风时的综合比载，N/m·mm²。

【例题】 某架空线路采用 LGJ—120/20，通过Ⅳ类典型气象区，试计算导线的各种比载。

解 由有关手册查得 LGJ—120/20 导线的规格参数为：计算直径 $d = 15.07\text{mm}$，总截面 $S = 134.49\text{mm}^2$，单位长度质量 $m_0 = 466.8\text{kg/km}$。

由表 1-6 查得Ⅳ典型气象区的气象数据为：覆冰厚度 $b = 5\text{mm}$，覆冰时风速 $v = 10\text{m/s}$，最大风速 $v = 25\text{m/s}$，雷电过电压时风速 $v = 10\text{m/s}$，内过电压时风速 $v = 15\text{m/s}$。

根据式（2-5）～式（2-11）计算导线的各种比载：

（1）自重比载为

$$g_1 = \frac{9.8}{S} \times m_0 \times 10^{-3} = \frac{9.8 \times 466.8}{134.49} \times 10^{-3} = 34.015 \times 10^{-3} \ (\text{N/m·mm}^2)$$

（2）冰重比载为

$$g_2 = 27.708 \frac{b(d+b)}{S} \times 10^{-3} = 27.708 \times \frac{5 \times (5 + 15.07)}{134.49} \times 10^{-3}$$

$$= 20.674 \times 10^{-3} \ (\text{N/m·mm}^2)$$

（3）自重和冰重总比载（垂直总比载）为

$$g_3 = g_1 + g_2 = 34.015 \times 10^{-3} + 20.674 \times 10^{-3} = 54.689 \times 10^{-3} \ (\text{N/m·mm}^2)$$

（4）无冰时风压比载：

当风速为 25m/s 时，由表 2-2 查得风速不均匀系数 $\alpha = 0.85$，因为导线的计算直径 $d = 15.07\text{mm} < 17\text{mm}$，故知导线的风载体型系数 $C = 1.2$，此时风压比载为

$$g_{4(25)} = \frac{0.6125\alpha Cdv^2}{S} \times 10^{-3} = \frac{0.6125 \times 0.85 \times 1.2 \times 15.07 \times 25^2}{134.49} \times 10^{-3}$$

$$= 43.753 \times 10^{-3} \ (\text{N/m·mm}^2)$$

当风速为 10m/s 时，由表 2-2 查得 $\alpha = 1.0$，而且 $C = 1.2$，此时风压比载为

$$g_{4(10)} = \frac{0.6125\alpha Cdv^2}{S} \times 10^{-3} = \frac{0.6125 \times 1.0 \times 1.2 \times 15.07 \times 10^2}{134.49} \times 10^{-3}$$

$$= 8.236 \times 10^{-3} \ (\text{N/m·mm}^2)$$

当风速为 15m/s 时，由表 2-2 查得 $\alpha = 1.0$，而且 $C = 1.2$，此时风压比载为

$$g_{4(15)} = \frac{0.6125\alpha Cdv^2}{S} \times 10^{-3} = \frac{0.6125 \times 1.0 \times 1.2 \times 15.07 \times 15^2}{134.49} \times 10^{-3}$$

$$=18.531 \times 10^{-3} \quad (\text{N/m} \cdot \text{mm}^2)$$

（5）覆冰时的风压比载：

由覆冰时风速 $v=10\text{m/s}$，由表 2-2 查得 $\alpha=1.0$，而且 $C=1.2$，此时风压比载为：

$$g_5 = \frac{0.6125\alpha C(2b+d)v^2}{S} \times 10^{-3}$$

$$= \frac{0.6125 \times 1.0 \times 1.2 \times (2 \times 5 + 15.07) \times 10^2}{134.49} \times 10^{-3}$$

$$=13.701 \times 10^{-3} \quad (\text{N/m} \cdot \text{mm}^2)$$

（6）无冰有风时的综合比载：

风速为 10m/s 时的综合比载为

$$g_{6(10)} = \sqrt{g_1^2 + g_{4(10)}^2} = \sqrt{(34.015)^2 + (8.236)^2} \times 10^{-3}$$

$$=34.998 \times 10^{-3} \quad (\text{N/m} \cdot \text{mm}^2)$$

风速为 15m/s 时的综合比载为

$$g_{6(15)} = \sqrt{g_1^2 + g_{4(15)}^2} = \sqrt{(34.015)^2 + (18.531)^2} \times 10^{-3}$$

$$=38.735 \times 10^{-3} \quad (\text{N/m} \cdot \text{mm}^2)$$

风速为 25m/s 时的综合比载为

$$g_{6(25)} = \sqrt{g_1^2 + g_{4(25)}^2} = \sqrt{(34.015)^2 + (43.753)^2} \times 10^{-3}$$

$$=55.420 \times 10^{-3} \quad (\text{N/m} \cdot \text{mm}^2)$$

（7）有冰有风时的综合比载为

$$g_7 = \sqrt{g_3^2 + g_5^2} = \sqrt{(54.689)^2 + (13.701)^2} \times 10^{-3}$$

$$=56.379 \times 10^{-3} \quad (\text{N/m} \cdot \text{mm}^2)$$

第二节　均匀荷载孤立档距的导线悬垂曲线方程

架空线悬挂于两根杆塔之间，档距大、导线长，因此导线材料的刚性对其几何形状的影响很小，故在计算中假定：

（1）导线为理想的柔索。因此，导线只承受轴向张力，任意一点的弯矩为零。可应用柔索理论进行计算。

（2）作用在导线上的荷载均指向同一方向，且沿导线均匀分布。

一、悬链线方程及曲线弧长

1. 悬链线方程

如图 2-4 所示，给出了悬挂于 A、B 两点间的一档导线，沿导线长度 L_{AB} 均匀分布着比载为 g 的荷载，并具有一定弧垂。在两个悬挂点处分别作用有 σ_A 和 σ_B 的轴向应力，按照导线受力的平衡条件可知：

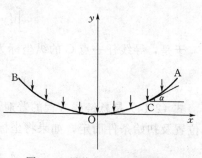

图 2-4　导线悬链线及坐标系

（1）水平方向力的平衡条件。

按着水平方向力的平衡条件，线上各点应力的水平分量 σ_0 均应相等，在导线的最低点 O 处，由于该点导线与水平方向之间的倾角 $\alpha_0 = 0°$，因此该点的轴向应力即为水平应力 σ_0。

（2）垂直方向力的平衡条件。

导线的荷载作用方向为垂直导线方向，因此导线悬挂点应力 σ_A 和 σ_B 的垂直分量，应等于该点到最低点 O 间的导线长度与比载 g 的乘积，即为 gL_{OA} 和 gL_{OB}。

（3）线段受力平衡条件。

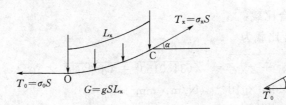

图 2-5

如将最低点 O 至 C 点的一段导线分离出来，将其受力情况绘于图 2-5 中，则清楚地看出其受力情况是：C 点的轴向张力 T_x 指向导线的切线方向，其与水平方向的夹角为 α；T_x 的垂直方向分量为 G，且 $G = T_x \sin\alpha = gSL_x$；$T_x$ 的水平分量为 T_0，且 $T_0 = T_x \cos\alpha = \sigma_0 S$，其中 α 为 C 点导线的倾斜角。将上述二式相比，则可求得导线任意一点 C 的斜率为

$$\mathrm{tg}\alpha = \frac{\mathrm{d}y}{\mathrm{d}x} = \frac{g}{\sigma_0} L_x \tag{2-12}$$

式（2-12）是悬链曲线的微分方程，将该式对 x 微分得

$$\mathrm{d}(\mathrm{tg}\alpha) = \frac{g}{\sigma_0}\mathrm{d}(L_x) = \frac{g}{\sigma_0}\sqrt{(\mathrm{d}x)^2 + (\mathrm{d}y)^2} = \frac{g}{\sigma_0}\sqrt{1 + \mathrm{tg}^2\alpha}\,\mathrm{d}x$$

将上式移项整理后，两端进行积分

$$\int \frac{\mathrm{d}(\mathrm{tg}\alpha)}{\sqrt{1 + \mathrm{tg}^2\alpha}} = \frac{g}{\sigma_0}\int \mathrm{d}x$$

$$\mathrm{sh}^{-1}(\mathrm{tg}\alpha) = \frac{g}{\sigma_0}(x + C_1)$$

$$\mathrm{tg}\alpha = \frac{\mathrm{d}y}{\mathrm{d}x} = \mathrm{sh}\,\frac{g}{\sigma_0}(x + C_1) \tag{2-13}$$

再进行分离变量积分，有

$$\int \mathrm{d}y = \int \mathrm{sh}\,\frac{g}{\sigma_0}(x + C_1)\mathrm{d}x$$

于是，导线任一点 C 的纵坐标为

$$y = \frac{\sigma_0}{g}\mathrm{ch}\,\frac{g}{\sigma_0}(x + C_1) + C_2 \tag{2-14}$$

式（2-14）是悬链线方程的普遍形式，其中 C_1 和 C_2 为积分常数，其可根据取坐标原点的位置及初始条件而定。如果将坐标原点取于导线的最低点处，则有下述初始条件

$$x = 0, \quad \frac{\mathrm{d}y}{\mathrm{d}x} = \mathrm{tg}\alpha = 0$$

将其代入式（2-13）可得

$$\text{sh}\,\frac{g}{\sigma_0}(0+C_1)=0,\quad C_1=0$$

将 $x=0$，$y=0$ 和 $C_1=0$ 代入式（2-14），有

$$0=\frac{\sigma_0}{g}\text{ch}\,\frac{g}{\sigma_0}(0+0)+C_2,\quad C_2=-\frac{\sigma_0}{g}$$

如此，求得坐标原点位于最低点 O 处的悬链线方程为

$$y=\frac{\sigma_0}{g}\left(\text{ch}\,\frac{gx}{\sigma_0}-1\right) \tag{2-15}$$

式中 σ_0——水平应力（即导线最低点应力），MPa 或 N/mm²；

　　g——导线比载，N/m·mm²。

当坐标原点选在其它点（例如选在悬挂点处）时，悬链线方程的常数项将有所不同，可以得到不同的公式，见表 2-3。

将悬链线方程（2-15）展开成无穷级数（在 $x=0$ 点），可得

$$y=\frac{g}{2\sigma_0}x^2+\frac{g^3}{24\sigma_0^3}x^4+\frac{g^5}{720\sigma_0^5}x^6+\cdots \tag{2-16}$$

2. 曲线弧长

导线最低点 O 至任一点 C 的曲线长度叫做弧长，用 L_x 表示。将式（2-13）代入式（2-12）中，且积分常数 $C_1=0$，得导线的弧长方程

$$L_x=\frac{\sigma_0}{g}\text{sh}\,\frac{g}{\sigma_0}x \tag{2-17}$$

根据式（2-17）可以计算一个档距内导线的曲线长度（也叫一档线长）。

将弧长方程式（2-17）展开成无穷级数可得

$$L_x=x+\frac{g^2}{6\sigma_0^2}x^3+\frac{g^4}{120\sigma_0^4}x^5+\cdots \tag{2-18}$$

二、平抛物线方程

平抛物线方程是简化的悬链线方程。它是假设作用在导线上的荷载沿导线在 x 轴上的投影均匀分布而推导出的。在这一假设下，图 2-5 中导线所受垂直荷载变成 $G=gSx$，$\text{tg}\alpha=gx/\sigma_0$。

由此导出平抛物线方程式为

$$y=\frac{g}{2\sigma_0}x^2 \tag{2-19}$$

导线曲线的弧长方程式为

$$L_x=x+\frac{g^2}{6\sigma_0^2}x^3 \tag{2-20}$$

实际上式（2-19）是式（2-16）取前一项的结果，式（2-20）是式（2-18）取前两项的结果。这说明它是悬链线方程的近似表达式。

当悬挂点高差 $h/l\leqslant10\%$ 时，用平抛物线方程进行导线力学计算，可以得到满意的工程精度。

第三节　悬挂点等高时导线的应力与弧垂

一、导线的弧垂

通常将导线悬挂曲线上任意一点至两悬挂点连线在铅直方向上的距离称为该点的弧垂。工程上所说的弧垂，除了特别指明外，均指最大弧垂。

1. 最大弧垂计算

如图 2-6 所示的悬点等高情况，最大弧垂出现在档距中央。将式（2-15）中的 x 以 $l/2$ 代入，则得最大弧垂 f 的精确计算公式（悬链线式）如下

$$f = \frac{\sigma_0}{g} \mathrm{ch} \frac{gl}{2\sigma_0} - \frac{\sigma_0}{g} \qquad (2\text{-}21)$$

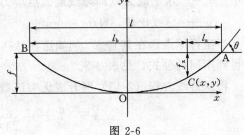

图 2-6

式中　f——导线的最大弧垂，m；

　　　σ_0——导线最低点应力，N/mm²；

　　　g——导线比载，N/mm²；

　　　l——档距，m。

同理，在实际工程中当弧垂与档距之比 $f/l < 10\%$ 时，可将式（2-19）中的 x 以 $l/2$ 代入，得最大弧垂的近似计算公式（平抛物线计算式）

$$f = \frac{gl^2}{8\sigma_0} \qquad (2\text{-}22)$$

2. 任意一点的弧垂计算

如图 2-6 所示，任意一点的弧垂 f_x 可表示为

$$f_x = f - y$$

利用悬链线方程进行计算，可将式（2-15）和式（2-21）代入上式，经整理得任意一点的弧垂精确计算式

$$f_x = \frac{\sigma_0}{g}\left(\mathrm{ch} \frac{gl}{2\sigma_0} - \mathrm{ch} \frac{gx}{\sigma_0} \right) = \frac{\sigma_0}{g}\left[2\mathrm{sh} \frac{g}{2\sigma_0}\left(\frac{l}{2} + x \right) \mathrm{sh} \frac{g}{2\sigma_0}\left(\frac{l}{2} - x \right) \right]$$

$$= 2\frac{\sigma_0}{g}\left(\mathrm{sh} \frac{g}{2\sigma_0}l_a \times \mathrm{sh} \frac{g}{2\sigma_0}l_b \right) \qquad (2\text{-}23)$$

式中　l_a、l_b——导线任一点 C（x，y）到悬挂点 A、B 的水平距离。

若利用平抛物线方程，可将式（2-17）和式（2-22）进行计算，得到任意一点弧垂的近似计算式

$$f_x = \frac{gl^2}{8\sigma_0} - \frac{gx^2}{2\sigma_0} = \frac{g}{2\sigma_0}\left(\frac{l^2}{4} - x^2 \right) = \frac{g}{2\sigma_0}\left(\frac{l}{2} + x \right)\left(\frac{l}{2} - x \right) = \frac{g}{2\sigma_0}l_a l_b \qquad (2\text{-}24)$$

二、导线应力

如图 2-5 所示，导线悬挂点等高时，其导线的应力计算如下。

1. 导线上任意一点的应力

根据前述的导线受力条件，导线上任一点的张力 T_x 为

$$T_x^2 = T_0^2 + (gSL_x)^2 \qquad (2\text{-}25)$$

另外由式（2-15）和式（2-17）即悬链线方程和弧长方程可以导出

$$\left(y + \frac{\sigma_0}{g}\right)^2 - L_x^2 = \frac{\sigma_0^2}{g^2}$$

方程两边同乘以 $(gS)^2$ 得

$$\left(y + \frac{\sigma_0}{g}\right)^2 (gS)^2 - (gSL_x)^2 = (S\sigma_0)^2 = T_0^2 \tag{2-26}$$

将方程式（2-26）代入式（2-25）中可得

$$T_x = ygs + \sigma_0 S \tag{2-27}$$

则得导线上任意一点处的轴向应力为

$$\sigma_x = \frac{T_x}{S} = \sigma_0 + yg \tag{2-28}$$

根据式（2-25）还可以得到导线轴向应力的另一种计算公式

$$\sigma_x^2 = \sigma_0^2 + (gL_x)^2$$

$$\sigma_x = \sqrt{\sigma_0^2 + (gL_x)^2} = \frac{\sigma_0}{\cos\alpha} \tag{2-29}$$

式中　α——导线任一点切线方向与 x 轴的夹角。

式（2-28）和式（2-29）是计算导线应力的常用公式。

2. 导线悬挂点的应力

导线悬挂点的轴向应力 σ_A 据式（2-28）和式（2-29）可得到

$$\sigma_A = \sigma_0 + y_A g = \sigma_0 + fg$$

或

$$\sigma_A = \sqrt{\sigma_0^2 + (gL_{OA})^2} \tag{2-30}$$

式中符号意义同前。

三、一档线长

根据式（2-17），导线最低点至任一点的曲线弧长为

$$L_x = \frac{\sigma_0}{g} \operatorname{sh} \frac{g}{\sigma_0} x$$

悬挂点等高时，令 $x = l/2$ 代入上式得到半档线长，则一档线长为

$$L = \frac{2\sigma_0}{g} \operatorname{sh} \frac{gl}{2\sigma_0} \tag{2-31}$$

式中　L——悬点等高时一档线长，m。

一档线长展开成级数表达式

$$L = l + \frac{g^2 l^3}{24\sigma_0^2} + \frac{g^4 l^5}{1920\sigma_0^4} + \cdots \tag{2-32}$$

在档距 l 不太大时，可取上式中前两项作为一档线长的平抛物线近似公式

$$L = l + \frac{g^2 l^3}{24\sigma_0^2} \tag{2-33}$$

又可写成

$$L = l + \frac{8}{3}\left(\frac{gl^2}{8\sigma_0}\right)^2 \frac{1}{l} = l + \frac{8f^2}{3l} \tag{2-34}$$

第四节　悬挂点不等高时导线的应力与弧垂

一、导线的斜抛物线方程

导线悬垂曲线的悬链线方程是假定荷载沿导线曲线弧长均匀分布导出的，是精确的计算方法。工程计算中，在满足计算精度要求的情况下，可以采用较简单的近似计算方法。悬垂曲线的斜抛物线方程式便是悬挂点不等高时，工程计算中常用的近似计算公式。

斜抛物线方程的假设条件为：作用在导线上的荷载沿悬挂点连线 AB 均匀分布，如图 2-7 所示。这一假设与荷载沿弧长均匀分布有些差别。但实际上一档内导线弧长与线段 AB 的长度相差很小，所以这样的假设可以得到相当满意的结果。

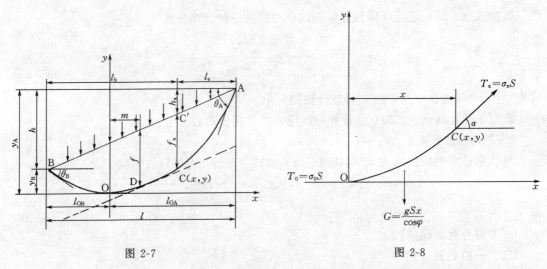

图 2-7　　　　　　　　　　图 2-8

在上述假设下，导线 OC 段的受力如图 2-8 所示。此时，垂直荷载重的弧长 L_x 换成了 $x/\cos\varphi$，根据静力学平衡条件

$$T_0 \mathrm{tg}\alpha = \frac{gxS}{\cos\varphi}$$

$$\sigma_0 S \frac{\mathrm{d}y}{\mathrm{d}x} = \frac{gxS}{\cos\varphi}$$

$$\frac{\mathrm{d}y}{\mathrm{d}x} = \frac{g}{\sigma_0 \cos\varphi} x$$

对上式积分，并根据所选的坐标系确定积分常数为零，得到导线悬垂曲线斜抛物线方程

$$y = \frac{gx^2}{2\sigma_0 \cos\varphi} \tag{2-35}$$

式中　φ——高差角；

其它符号意义同前。

二、导线最低点到悬挂点距离

如图 2-7 所示，坐标原点选在导线最低点。随着坐标原点的不同，方程表达式有所不同。

36

1. 水平距离

用斜抛物线方程计算时，可知导线最低点到悬挂点之间的水平距离和垂直距离的关系为

$$y_A = \frac{g l_{OA}^2}{2\sigma_0 \cos\varphi} \tag{2-36}$$

$$y_B = \frac{g l_{OB}^2}{2\sigma_0 \cos\varphi} \tag{2-37}$$

式中　y_A、y_B——最低点到悬挂点的垂直距离，m；

　　l_{OA}、l_{OB}——最低点到悬挂点的水平距离，m；

其它符号意义同前。

悬挂点的高差

$$h = y_A - y_B = \frac{g}{2\sigma_0 \cos\varphi}(l_{OA}^2 - l_{OB}^2)$$

档距 $l = l_{OA} + l_{OB}$

联立求解上两式得

$$l_{OA} = \frac{l}{2} + \frac{\sigma_0 h \cos\varphi}{gl} = \frac{l}{2} + \frac{\sigma_0}{g}\sin\varphi = \frac{l}{2}\left(1 + \frac{h}{4f}\right) \tag{2-38}$$

$$l_{OB} = \frac{l}{2} - \frac{\sigma_0 h \cos\varphi}{gl} = \frac{l}{2} - \frac{\sigma_0}{g}\sin\varphi = \frac{l}{2}\left(1 - \frac{h}{4f}\right) \tag{2-39}$$

$$f = \frac{g l^2}{8\sigma_0 \cos\varphi}$$

式中　f——一档内导线最大弧垂；

　　l_{OB}——代数量，悬挂点 B 在导线最低点 O 的右侧时，它为负值。

导线最低点至档距中央距离为

$$m = l_{OA} - \frac{l}{2} = \frac{l}{2} - l_{OB} = \frac{\sigma_0 h \cos\varphi}{gl} = \frac{\sigma_0}{g}\sin\varphi \tag{2-40}$$

2. 垂直距离

将式（2-38）、式（2-39）分别代入式（2-36）、式（2-37）可得

$$y_A = \frac{g l_{OA}^2}{2\sigma_0 \cos\varphi} = f\left(1 + \frac{h}{4f}\right)^2 \tag{2-41}$$

$$y_B = \frac{g l_{OB}^2}{2\sigma_0 \cos\varphi} = f\left(1 - \frac{h}{4f}\right)^2 \tag{2-42}$$

三、悬挂点不等高时的最大弧垂

在悬挂点不等高的一档导线上，作一条辅助线平行于 AB，且与导线相切于 C 点，显然相切点的弧垂一定是档内的最大弧垂。通过证明可知最大弧垂处于档距的中央。

用抛物线方程确定导线上任一点 C（x、y）点的弧垂 f_x，在图 2-7 中 C′点和 A 点的高差为

$$h_x = (l_{OA} - x)\mathrm{tg}\varphi = (l_{OA} - x)\frac{h}{l} = \frac{l_{OA} - x}{l}(y_A - y_B)$$

$$= \frac{l_{OA} - x}{l} \times \frac{g}{2\sigma_0 \cos\varphi} \varphi (l_{OA}^2 - l_{OB}^2)$$

$$= \frac{g}{2\sigma_0 \cos\varphi} (l_{OA} - x)(l_{OA} - l_{OB})$$

弧垂 f_x 为

$$f_x = y_A - y - h_x = \frac{g(l_{OA}^2 - x^2)}{2\sigma_0 \cos\varphi} - \frac{g}{2\sigma_0 \cos\varphi}(l_{OA} - x)(l_{OA} - l_{OB})$$

$$= \frac{g}{2\sigma_0 \cos\varphi}(l_{OA} - x)(l_{OB} + x) = \frac{g}{2\sigma_0 \cos\varphi} l_a l_b \tag{2-43}$$

式中　l_a、l_b——导线任一点 C（x，y）到导线悬挂点 A、B 的水平距离。

最大弧垂出现在档距中央，即 $l_a = l_b = l/2$ 时，代入式（2-43）中，得到档内最大弧垂为

$$f = \frac{gl^2}{g\sigma_0 \cos\varphi} \tag{2-44}$$

四、导线的应力

导线上任意一点的轴向应力为

$$\sigma_x = \sigma_0 + yg \quad 或 \quad \sigma_x = \frac{\sigma_0}{\cos\alpha} \tag{2-45}$$

悬挂点 A 的应力为

$$\sigma_A = \sigma_0 + \frac{g^2 l_{OA}^2}{2\sigma_0 \cos\varphi} \tag{2-46}$$

悬挂点 B 的应力为

$$\sigma_B = \sigma_0 + \frac{g^2 l_{OB}^2}{2\sigma_0 \cos\varphi} \tag{2-47}$$

五、一档线长

悬挂点不等高，一档线长用斜抛物线方程计算时，精度不高，因此工程上采用悬链线方程导出的线长方程近似式作为斜抛物线线长计算公式，即

$$L = \frac{l}{\cos\varphi} + \frac{g^2 l^3 \cos\varphi}{24\sigma_0^2} \tag{2-48}$$

习　题

2-1　导线的机械物理特性都指哪些？

2-2　什么叫做导线的瞬时破坏应力？

2-3　弹性伸长系数的物理含义是什么？

2-4　什么叫导线的比载？

2-5　什么叫导线的弧垂？

第三章 均匀荷载孤立档距导线力学应用计算

第一节 导线的状态方程

当气象条件变化时，架空线所受温度和荷载也发生变化，其水平应力 σ 和弧垂也随着变化。导线内的水平应力随气象条件的变化规律可用导线状态方程来描述。

一、导线在孤立档距中的状态方程

设档距为 l 的导线，在 m 气象条件下的气温为 t_m，架空线的比载为 g_m，最低点应力为 σ_m，现求变到 n 气象条件即气温为 t_n，比载为 g_n 时的应力 σ_n。

当由 m 气象条件变为 n 气象条件时，由于温度的变化 $\Delta t = t_n - t_m$，使导线热胀冷缩，线长由原来的 L_m 变为 L_t；由于应力的变化 $\Delta\sigma = \sigma_n - \sigma_m$，使导线弹性变形，线长由 L_t 变为 L_n。可分别表示为

$$L_t = [1 + \alpha(t_n - t_m)]L_m$$
$$L_n = \left[1 + \frac{1}{E}(\sigma_n - \sigma_m)\right]L_t \tag{3-1}$$

将 L_t 值代入式（3-1）中可得

$$L_n = L_m[1 + \alpha(t_n - t_m)]\left[1 + \frac{1}{E}(\sigma_n - \sigma_m)\right]$$

这样导线因热胀冷缩和弹性变形使一档线长由 L_m 变为 L_n。

将上式展开，将出现 $\left[\dfrac{\alpha}{E}(t_n - t_m)(\sigma_n - \sigma_m)\right]$ 项，由于 E 值很大、α 值很小，此项可忽略，故上式可简化为

$$L_n = L_m\left[1 + \alpha(t_n - t_m) + \frac{1}{E}(\sigma_n - \sigma_m)\right] \tag{3-2}$$

如第二章所述，在一定的气象条件下，线长 L 与最低点应力 σ 之间存在 $L = l + \dfrac{g^2 l^3}{24\sigma^2}$ 的关系，所以对应于两种气象条件 m 和 n 的导线长度分别为

$$L_m = l + \frac{g_m^2 l^3}{24\sigma_m^2} \tag{3-3}$$

$$L_n = l + \frac{g_n^2 l^3}{24\sigma_n^2} \tag{3-4}$$

将式（3-3）和式（3-4）代入式（3-2），则得

$$l + \frac{g_n^2 l^3}{24\sigma_n^2} = l + \frac{g_m^2 l^3}{24\sigma_m^2} + \left[\alpha(t_n - t_m) + \frac{1}{E}(\sigma_n - \sigma_m)\right]\left(l + \frac{g_m^2 l^3}{24\sigma_m^2}\right)$$

上式等号右侧最后一项 $\left(l + \dfrac{g_m^2 l^3}{24\sigma_m^2}\right)$ 即为 L_m，在一般情况下，$L_m \approx l$，将等式两侧各除以 $\dfrac{l}{E}$ 并整理得

$$\sigma_{\mathrm{n}} - \frac{E g_{\mathrm{n}}^2 l^2}{24 \sigma_{\mathrm{n}}^2} = \sigma_{\mathrm{m}} - \frac{E g_{\mathrm{m}}^2 l^2}{24 \sigma_{\mathrm{m}}^2} - \alpha E(t_{\mathrm{n}} - t_{\mathrm{m}}) \tag{3-5}$$

式中　g_{m}——初始气象条件下的比载，N/m·mm²；

　　　g_{n}——待求气象条件下的比载，N/m·mm²；

　　　t_{m}——初始气象条件下的温度，℃；

　　　t_{n}——待求气象条件下的温度，℃；

　　　σ_{m}——在温度 t_{m} 和比载 g_{m} 时的应力，MPa；

　　　σ_{n}——在温度 t_{n} 和比载 g_{n} 时的应力，MPa；

　　　α——线温度线膨胀系数，1/℃；

　　　E——导线的弹性系数，MPa；

　　　l——档距，m。

式（3-5）即为架空线在悬挂点等高时的状态方程。如果温度为 t_{m}，比载为 g_{m} 时的导线应力 σ_{m} 为已知，即可按式（3-5）求出温度为 t_{n}，比载为 g_{n} 时的导线应力 σ_{n}。

为了便于计算，通常将方程式中的各物理量组合成系数，令

$$A = \frac{E g_{\mathrm{m}}^2 l^2}{24 \sigma_{\mathrm{m}}^2} - \sigma_{\mathrm{m}} + \sigma E(t_{\mathrm{n}} - t_{\mathrm{m}}) \tag{3-6}$$

$$B = \frac{E g_{\mathrm{n}}^2 l^2}{24} \tag{3-7}$$

则式（3-5）状态方程变为如下形式

$$\sigma_{\mathrm{n}}^2(\sigma_{\mathrm{n}} + A) = B \tag{3-8}$$

该式为三次方程，其常用的解法有试算法和迭代法。试算法比较简便，但精度低；迭代法计算量较大，但精度高，适合用计算机运算。下面简要介绍一种常用迭代法——牛顿法。牛顿法，亦称切线法。该法收敛速度快，具有二次收敛性。

对于方程 $f(x) = 0$，牛顿迭代公式为

$$X_{\mathrm{k}+1} = X_{\mathrm{k}} - \frac{f(x_{\mathrm{k}})}{f'(x_{\mathrm{k}})}$$

因而式（3-8）所示状态方程的牛顿迭代公式为

$$\sigma_{(\mathrm{k}+1)} = \sigma_{(\mathrm{k})} - \frac{\sigma_{(\mathrm{k})}^3 + A\sigma_{(\mathrm{k})}^2 - B}{3\sigma_{(\mathrm{k})}^2 + 2A\sigma_{(\mathrm{k})}} \tag{3-9}$$

其计算步骤为：

（1）给出初始近似根 $\sigma_{\mathrm{n}(0)}$、精度 ε；

（2）计算 $\sigma_{\mathrm{n}(1)} = \sigma_{\mathrm{n}(0)} - \dfrac{\sigma_{\mathrm{n}(0)}^3 + A\sigma_{\mathrm{n}(0)}^2 - B}{3\sigma_{\mathrm{n}(0)}^2 + 2A\sigma_{\mathrm{n}(0)}}$；

（3）若 $|\sigma_{\mathrm{n}(1)} - \sigma_{\mathrm{n}(0)}| < \varepsilon$，则转向（4）；否则令 $\sigma_{\mathrm{n}(0)} = \sigma_{\mathrm{n}(1)}$，转向（2）；

（4）输出满足精度的根 $\sigma_{\mathrm{n}(1)}$，结束计算。

二、连续档距的代表档距及状态方程

式（3-5）状态方程式，是按悬挂点等高的一个孤立档距推得的。在实际工程中一个耐张段往往包含不同的档距，如 l_1，l_2，l_3，…，l_n 等，这些档距称为连续档距。由于地形条件的限制，连续档的各档距长度及悬点高度不完全相等。为了简化连续档距中架空线应力

的计算，可将连续档距用一个等价孤立的档距代表，此等价的孤立档距称为代表档距。

连续档距中的架空线在安装时，各档距的水平张力是按同一值架设的，故悬垂绝缘子串处于垂直状态。但当气象情况变化后，各档距中导线的水平张力和水平应力将因各档距长度的差异大小不等。这时，各直线杆塔上的悬垂绝缘子串，将因两侧水平张力不等而向张力大的一侧偏斜，偏斜的结果，又促使两侧水平张力获得基本平衡。所以，除档距长度、高差相差十分悬殊者外，一般情况下，耐张段中各档距在各种气象条件下的导线水平张力和水平应力总是相等或基本相等的，因此根据式（3-5）可以写出耐张段中各档距的状态方程式分别为

$$\sigma_n - \frac{E g_n^2 l_1^2}{24\sigma_n^2} = \sigma_m - \frac{E g_m^2 l_1^2}{24\sigma_m^2} - \alpha E(t_n - t_m)$$

$$\sigma_n - \frac{E g_n^2 l_2^2}{24\sigma_n^2} = \sigma_m - \frac{E g_m^2 l_2^2}{24\sigma_m^2} - \alpha E(t_n - t_m)$$

$$\cdots\cdots$$

$$\sigma_n - \frac{E g_n^2 l_n^2}{24\sigma_n^2} = \sigma_m - \frac{E g_m^2 l_n^2}{24\sigma_m^2} - \alpha E(t_n - t_m)$$

将以上各方程两端分别乘以 l_1，l_2，$\cdots$，l_n，然后将它们各项相加得

$$\sigma_n(l_1 + l_2 + \cdots + l_n) - \frac{E g_n^2}{24\sigma_n^2}(l_1^3 + l_2^3 + \cdots + l_n^3)$$

$$= \sigma_m(l_1 + l_2 + \cdots + l_n) - \frac{E g_m^2}{24\sigma_m^2}(l_1^3 + l_2^3 + \cdots + l_n^3)$$

$$- \alpha E(t_n - t_m)(l_1 + l_2 + \cdots + l_n)$$

再将上式两端均除以耐张段长度 $(l_1 + l_2 + \cdots + l_n)$，则得

$$\sigma_n - \frac{E g_n^2}{24\sigma_n^2}\left(\frac{l_1^3 + l_2^3 + \cdots + l_n^3}{l_1 + l_2 + \cdots + l_n}\right) = \sigma_m - \frac{E g_m^2}{24\sigma_m^2}\left(\frac{l_1^3 + l_2^3 + \cdots + l_n^3}{l_1 + l_2 + \cdots + l_n}\right) - \alpha E(t_n - t_m)$$

令

$$l_r = \sqrt{\frac{l_1^3 + l_2^3 + \cdots + l_n^3}{l_1 + l_2 + \cdots + l_n}} = \sqrt{\frac{\sum l_i^3}{\sum l_i}} \tag{3-10}$$

则得

$$\sigma_n - \frac{E g_n^2 l_r^2}{24\sigma_n^2} = \sigma_m - \frac{E g_m^2 l_r^2}{24\sigma_m^2} - \alpha E(t_n - t_m) \tag{3-11}$$

式（3-11）即为一个耐张段连续档的状态方程，其中 l_r 为耐张段的代表档距。

将式（3-5）和式（3-11）相比可以看出，它们的形式完全相同，只是孤立档的状态方程式中的档距取该档的档距 l，而对于一个耐张段连续档状态方程，则取耐张段的代表档距 l_r。

当一个耐张段各档距悬挂点不等高，而且需要考虑高差影响时，这时连续档的导线状态方程为

$$\sigma_n - \frac{E g_n^2 l_r^2}{24\sigma_n^2} = \sigma_m - \frac{E g_m^2 l_r^2}{24\sigma_m^2} - \alpha_r E(t_n - t_m) \tag{3-12}$$

其中

$$l_r = \sqrt{\frac{l_1^3\cos^3\phi_1 + l_2^3\cos^3\phi_2 + \cdots + l_n^3\cos^3\phi_n}{\dfrac{l_1}{\cos\phi_1} + \dfrac{l_2}{\cos\phi_2} + \cdots + \dfrac{l_n}{\cos\phi_n}}} = \sqrt{\frac{\sum l_i^3\cos^3\phi_i}{\sum\left(\dfrac{l_i}{\cos\phi_i}\right)}} \tag{3-13}$$

$$\alpha_r = \alpha\left(\frac{l_1 + l_2 + \cdots + l_n}{\dfrac{l_1}{\cos\phi_1} + \dfrac{l_2}{\cos\phi_2} + \cdots + \dfrac{l_n}{\cos\phi_i}}\right) = \alpha\left[\frac{\sum l_i}{\sum\left(\dfrac{l_i}{\cos\phi_i}\right)}\right] \tag{3-14}$$

式中　l_r——计及高差影响时，耐张段代表档距，m；

ϕ_i——耐张段中各档导线的高差角，（°）；

α——导线的热膨胀系数，1/℃；

α_r——计及高差影响时的导线热膨胀系数，1/℃。

应当指出，导线的热膨胀系数，在物理意义上并不存在需要按高差修正。这实际上是状态方程计及高差影响，分配到热膨胀系数的结果。

三、悬挂点不等高时的状态方程

当悬挂点不等高，但高差 $\Delta h < 10\% l$ 时，其状态方程仍采用式（3-5），计算精度满足工程要求。若悬挂点高差 $\Delta h \geqslant 10\% l$ 时，应考虑高差的影响。其状态方程的推导方法和悬挂点等高时的方法相同，但一档线长公式要采用由斜抛物线方程确定的，略去推导过程，得到状态方程如下

$$\sigma_n - \frac{Eg_n^2 l^2\cos^3\phi}{24\sigma_n^2} = \sigma_m - \frac{Eg_m^2 l^2\cos^3\phi}{24\sigma_m^2} - \alpha E\cos\phi(t_n - t_m) \tag{3-15}$$

式中　ϕ——导线悬挂点高差角。

第二节　临界档距及控制气象条件的判断

架空线路的导线应力，是随着档距的不同和气象条件的改变而变化的。为了保证架空线在任何气象条件下的应力都不超过允许应力，必须使架空线在长期运行中可能出现的最大应力等于允许应力。因此，需要找出出现最大应力时的气象条件，该气象条件叫控制气象条件，与之对应的导线的允许应力叫控制应力。以控制气象条件和相应的控制应力为已知状态，利用状态方程求出架设导线时相应气象条件下的应力和弧垂。按照计算出的应力和弧垂安装导线，就可以保证导线在运行中，在任何气象条件下，其应力不超过允许值。

一般情况下，可能成为控制条件的气象条件有如下四种：

（1）最低气温、无风、无冰；

（2）最大风速、无冰、相应的气温；

（3）覆冰、相应风速、-5℃；

（4）年平均气温、无风、无冰。

其中前三种情况下，可能出现最大应力，因而其控制应力都是导线的允许应力，也叫最大使用应力。最后一种条件是从导线防振观点提出的，为了满足导线耐振的要求，在年平均气温条件下，导线应力不得大于"年平均运行应力"。规程规定，导线的平均运行应力上限为其瞬时破坏应力的 25%，即控制应力为 $25\%\sigma_p$。

以上四种条件，并不是在所有的档距范围内都是控制条件，而是在某一档距范围内仅由其中的一种情况起控制作用。当大于某一档距范围时，由一种情况控制，当小于该档距范围时，则由另一种情况控制。在一定的档距范围内，究竟哪种条件为控制气象条件，可通过有效临界档距的判别来确定。

一、导线的允许控制应力

规程规定，导线最低点的最大使用应力（即允许控制应力）按下式计算

$$\sigma_M = \frac{\sigma_p}{K} \tag{3-16}$$

式中　σ_M——架空线的最大使用应力，MPa；

σ_p——架空线的瞬时破坏应力，对于各类钢芯铝线，是指综合瞬时破坏应力，MPa；

K——架空线的安全系数，送电线路导线的设计安全系数不应小于 2.5；架线安装时不应小于 2.0，避雷线的安全系数宜大于导线的安全系数。

在跨越档距中，按稀有气象条件和重冰区较少出现的覆冰情况验算时，架空线最低点的最大应力不应超过瞬时破坏应力的 60%，即此时最小安全系数不应小于 1/0.6＝1.67。

二、临界档距及判别控制条件的原则

1. 控制条件的判别式及其特点

假设控制条件为 m 状态，其比载 g_m、气温 t_m 及相应的控制应力 σ_{km} 均为已知，利用状态方程式（3-5），可求出另一状态 n 下比载为 g_n、气温为 t_n 时的应力 σ_n

$$\sigma_n^2 \left[\sigma_n + \left(\frac{E g_m^2 l^2}{24 \sigma_{km}^2} - \sigma_{km} - \alpha E t_m \right) + \alpha E t_n \right] = \frac{E g_n^2 l^2}{24} \tag{3-17}$$

把前面讲述的四种可能控制条件分别作为 m 状态代入式（3-17），可求出四个同一档距、n 状态下导线的应力 σ_n 值。其中与最小的 σ_n 值对应的可能控制条件才是真正的控制条件。因为在此条件下的控制应力为已知状态，代入状态方程，求其它三种可能控制条件的导线应力，都小于它们相应的控制应力。所以与最小的 σ_n 值对应的气象条件为最危险气象条件即控制条件。

令

$$F_m(l) = \frac{E g_m^2 l^2}{24 \sigma_{km}^2} - (\sigma_{km} + \alpha E t_m) \tag{3-18}$$

由式（3-17）可知，哪个条件下的 $F_m(l)$ 值最大，那个条件作为已知条件求得的 σ_n 值便最小，该条件即为控制条件。所以，式（3-18）叫控制条件的判别式。

$F_m(l)$ 的特点：

1) $F_m(l)$ 与 l 是抛物线关系，且抛物线对称于纵坐标轴 $F(l)$（l 轴为横坐标轴）。

2) 当 $l=0$ 时，$F_m(l)$ 的初值为负值，即

$$F_m(0) = -(\sigma_{km} + \alpha E t_m) \tag{3-19}$$

3) $F_m(l)$ 抛物线的斜率为

$$\frac{\mathrm{d} F_m(l)}{\mathrm{d} l} = \frac{El}{12} \left(\frac{g_m}{\sigma_{km}} \right)^2 \tag{3-20}$$

当 $l=0$ 时，斜率为零；当 g_m/σ_{km} 较大时，随着 l 的增加，其斜率也越来越大，曲线上升的也较快。

2. 临界档距

(1) 临界档距的含义：

如果令 i 状态下导线的应力等于其控制应力（即 i 状态为控制条件），用状态方程计算 j 状态的导线应力，在不同的档距下，求得的 j 状态的导线应力可能同于或异于 j 状态的控制应力。当线路档距为某一数值时，如果 i 状态下的导线应力等于其控制应力，用状态方程求得的 j 状态应力也恰好等于 j 状态下的控制应力，则该档距被称为 i 状态和 j 状态的临界档距，用 l_1 表示。

(2) 临界档距的计算公式：

设 i 状态的参量为：比载 g_i、气温 t_i、导线的控制应力 σ_{ki}，相应的控制条件判别式为

$$F_i(l) = \frac{E g_i^2 l^2}{24 \sigma_{ki}^2} - (\sigma_{ki} + \alpha E t_i) \tag{3-21}$$

设 j 状态的参量为：比载 g_j、气温 t_j、导线的控制应力 σ_{kj}，相应的控制条件判别式为

$$F_j(l) = \frac{E g_j^2 l^2}{24 \sigma_{kj}^2} - (\sigma_{kj} + \alpha E t_j) \tag{3-22}$$

两个判别式的曲线如图 3-1 所示，相交于一点 p，则 p 点所对应的档距就是临界档距。也就是说，当线路的实际档距等于临界档距时，两种状态的应力都等于各自的控制应力，两种条件具有同样的危险程度。

令 $F_i(l) = F_j(l)$，解得两条件的临界档距为

$$l_1 = \sqrt{\frac{24\left[(\sigma_{ki} - \sigma_{kj}) + \alpha E(t_i - t_j)\right]}{E\left[\left(\dfrac{g_i}{\sigma_{ki}}\right)^2 - \left(\dfrac{g_j}{\sigma_{kj}}\right)^2\right]}} \tag{3-23}$$

式中　σ_{ki}、σ_{kj}——可能控制条件所对应的控制应力，MPa；

　　　g_i、g_j——可能控制条件的比载，N/m·mm²；

　　　t_i、t_j——可能控制条件的气温，℃；

　　　α、E——导线温度线膨胀系数，1/℃，导线的弹性系数，MPa；

　　　l_1——临界档距，m。

3. 判别控制条件的原则

用式 (3-23) 计算出的临界档距可以是正实数、零、无穷大、虚数，下面分四种情况来讨论。

(1) 假设临界档距为正实数，即 $l_1 > 0$。如果 $F_i(0) > F_j(0)$，则 $(\sigma_{ki} - \sigma_{kj}) + \alpha E(t_i - t_j) < 0$，必然有 $\dfrac{g_i}{\sigma_{ki}} < \dfrac{g_j}{\sigma_{kj}}$，即 $F_i(l)$ 曲线斜率上升的快，如图 3-1 所示。当 $l < l_1$ 时，$F_i(l) > F_j(l)$，那么 i 条件为控制条件，即 g/σ_k 值较小的条件为控制条件；当 $l > l_1$ 时，$F_j(l) > F_i(l)$，那么 j 条件即 g/σ_k 值较大的条件为控制条件；当 $l = l_1$ 时，两种条件均为控制条件。

(2) 假设临界档距为零，即 $l_1 = 0$。由式 (3-23) 知 $(\sigma_{ki} - \sigma_{kj}) + \alpha E(t_i - t_j) = 0$，也就是 $F_i(0) = F_j(0)$。此时 $F_i(l)$、$F_j(l)$ 的曲线如图 3-2 所示。由于两条曲线初始值相等，斜率大的 $F(l)$ 值一定比较大。由于 $\dfrac{g_i}{\sigma_{ki}} > \dfrac{g_j}{\sigma_{kj}}$，所以 $F_i(l) > F_j(l)$，i 条件即 g/σ_k 值较大

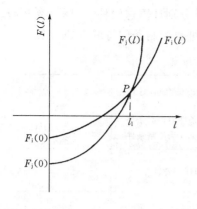

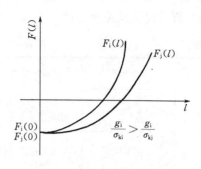

图 3-1　临界档距　　　　　　　　　图 3-2　临界档距 $l_1 = 0$

的条件为控制条件。

（3）假定临界档距 $l_1 = \infty$，从临界档距的计算公式知，$\dfrac{g_i}{\sigma_{ki}} = \dfrac{g_j}{\sigma_{kj}}$ 且 $F_i(0) \neq F_j(0)$，两条曲线如图 3-3 所示，它们是平行曲线。这时 $F(l)$ 初值大的条件即 i 条件恒为控制条件。图中 $F_i(0) > F_j(0)$，则由式（3-19）可知，$\sigma_{ki} + \alpha E t_i < \sigma_{kj} + \alpha E t_j$，所以 $(\sigma_k + \alpha E t)$ 值小的条件为控制条件。

（4）假定临界档距为虚数，即 $l_1^2 < 0$。如果 $F_i(0) > F_j(0)$，则 $(\sigma_{ki} - \sigma_{kj}) + \alpha E(t_i - t_j) < 0$。由式（3-23）可知，$\dfrac{g_i}{\sigma_{ki}} > \dfrac{g_j}{\sigma_{kj}}$。两条曲线形状如图 3-4 所示，它们没有交点。此时比值 g/σ_k 较大的，$F(l)$ 值也大。所以，比值 g/σ_k 较大的条件即 i 条件为控制条件。

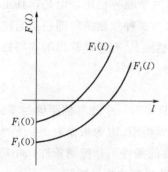

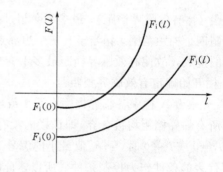

图 3-3　临界档距 $l_1 = \infty$　　　　　　图 3-4　临界档距 $l_1^2 < 0$

需要说明一点，上面讨论过程中若把假定 $F_i(0) > F_j(0)$ 处换成假定 $F_j(0) > F_i(0)$，可得到同样的结论。

将前面分析的结果作为判断控制条件的原则列于表 3-1 中。

三、临界档距的判别方法

前面讲述了两个条件之间相互比较的原则，下面将介绍如何根据上述原则，在四种可能的控制条件中，通过有效临界档距的判别来确定真正的控制条件，其方法如下。

1. 按照 g/σ_k 值的大小排列四种可能控制条件的次序

对四种可能控制情况，分别算出 g/σ_k 值，并按 g/σ_k 值的大小，由小到大分别给予 A、

B、C、D 编号。如果某两个条件的 g/σ_k 值相等，可分别计算这两种情况的 $(\sigma_k+\alpha Et)$ 值，$(\sigma_k+\alpha Et)$ 值大的不是控制条件，予以舍弃。这时可能控制条件将减少到三个。

表 3-1　　　　　　　　　　　　判断控制条件的原则

编号	临界档距	危险气象条件（控制条件）的判断原则	g/σ_k
1	$l_1>0$	① $l>l_1$ 时，g/σ_k 值较大的条件为控制条件 ② $l<l_1$ 时，g/σ_k 值较小的条件为控制条件	$\dfrac{g_j}{\sigma_{kj}}>\dfrac{g_i}{\sigma_{ki}}$　$F_i(0)>F_j(0)$
2	$l_1=0$	g/σ_k 值较大的条件为控制条件	$\dfrac{g_i}{\sigma_{ki}}\neq\dfrac{g_j}{\sigma_{kj}}$　$F_i(0)=F_j(0)$
3	$l_1=\infty$	$(\sigma_k+\alpha Et)$ 值较小的条件为控制条件	$\dfrac{g_i}{\sigma_{ki}}=\dfrac{g_j}{\sigma_{kj}}$　$F_i(0)\neq F_j(0)$
4	$l_1^2<0$	g/σ_k 值较大的条件为控制条件	$\dfrac{g_i}{\sigma_{ki}}>\dfrac{g_j}{\sigma_{kj}}$　$F_i(0)>F_j(0)$

表 3-2　　　有效临界档距判别表

A	B	C
l_{1AB}	l_{1Bc}	l_{1CD}
l_{1AC}	l_{1BD}	
l_{1AD}		

2. 将临界档距列表

算出每两个气象条件组合之间的临界档距，并按表 3-2 的方法排列组合。

3. 判别 A、B、C 栏的有效临界档距和控制区

四种控制条件两两组合代入临界档距计算公式可求得六个临界档距。但是，真正有意义的临界档距（称有效临界档距），最多不会超过三个。因为四种控制条件即使都起控制作用也只能控制四个档距范围，相当于有三个边界点（临界档距）。有时计算出的临界档距本身是无意义的虚数，故使有效临界档距最多不会超过三个。

从 A 栏开始确定有效临界档距。

（1）首先察看 A 栏中各临界档距有无零或虚数值，只要有一个临界档距值为零或虚数，则该栏内所有临界档距均被舍弃，即该栏内没有有效临界档距。因为根据表 3-1 所列的判别原则，当 $l_1=0$ 或 $l_1^2<0$ 时，g/σ_k 值最小的编号 A 所代表的条件不是控制条件，而应以 B 或 C 或 D 所代表的条件作为控制条件。所以，此时 A 栏没有有效临界档距。

（2）若 A 栏内临界档距都大于零，则三者之中最小的一个是 A 栏的有效临界档距，另外两个舍弃。当实际档距小于有效临界档距时，根据表 3-1 所列的原则可知，g/σ_k 值最小的编号 A 所代表的条件为控制条件；当实际档距大于有效临界档距时，则以 B 或 C 或 D 所代表的条件为控制条件。

确定了 A 栏的有效临界档距之后，可以用同样的方法确定 B 栏的有效临界档距。

但应注意一个问题，若 A 栏确定的有效临界档距为 l_{1AC}，则 B 栏被隔越，可转至 C 栏进行判断。即 B 栏不存在有效临界档距，B 所代表的条件也不是控制条件。因为，当 $l_{1AC}<l_{1AB}$ 时，在 $l_{1AC}<l<l_{1AB}$ 区间，根据表 3-1 中的判断控制条件的原则可知，C 条件比 A 条件危险，而 A 条件又比 B 条件危险，所以 C 条件成为控制条件。同时 B 条件的 g/σ_k 值比 C 条

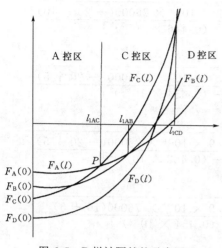

图 3-5　B 栏被隔越的示意图

件小，从 C 条件成为控制条件的临界档距开始，档距越大，B 越不能成为控制条件，这说明 B 所代表的条件被隔越。

为了便于理解，可以用图 3-5 所示的 $F(l)$ 曲线来说明这一问题。在 $l_{1AC}<l_{1AB}$ 的情况下，当 $l>l_{1AC}$ 时，存在 $F_C(l)>F_A(l)$ 和 $F_C(l)>F_B(l)$。由于 C 条件的 g/σ_k 值比 B 条件的大，所以 $F_C(l)$ 曲线斜率大于 $F_B(l)$。随着 l 的增加，恒有 $F_C(l)>F_B(l)$，所以 B 条件永远不可能成为控制条件，即 B 栏不存在有效临界档距。

同理，如果 A 栏的有效临界档距为 l_{1AD}，则 B 栏和 C 栏都被隔越；如果 B 栏的有效临界档距为 l_{1BD}，则 C 栏被隔越。

通过上述临界档距的判断，最后得出一组有效临界档距，这些临界档距的注脚是依次连接的，将这些有效临界档距标在档距数轴上，即将数轴分成若干区间，这时可按有效临界档距注脚字母代表的控制情况确定每一个区间的控制情况。例如当有效临界档距为 l_{1AC} 和 l_{1CD} 时，其控制情况如图 3-6 所示。

四、举例

某架空线路导线采用 LGJ—120/20，通过 IV 类典型气象区，试计算临界档距，并确定控制条件下的控制范围。

A 控区	C 控区	D 控区

$0 \qquad\qquad l_{1AC} \qquad\qquad l_{1CD} \qquad l_1(\text{m})$

图 3-6　临界档距控制情况

解　由附录附表 1-1 查得，LGJ—120/20 导线的计算拉断力 = 41000N，计算截面 = 134.49mm²，所以导线的综合瞬时破坏应力 $\sigma_P = 41000/134.49 = 304.855 (\text{N/mm}^2)$，LGJ—120/20 导线的铝钢结构比为 26/7，所以由附表 1-2 查得，弹性系数 $E = 76000 (\text{N/mm}^2)$，线膨胀系数 $\alpha = 18.9 \times 10^{-6} (1/℃)$。

1. 控制应力

取安全系数 $K = 2.5$，则最大使用应力为

$$\sigma_M = \frac{\sigma_P}{K} = \frac{304.855}{2.5} = 121.942 (\text{MPa})$$

在平均气温时，控制应力为平均运行应力的上限，即 $\sigma_P \times 25\% = 304.855 \times 25\% = 76.214 (\text{MPa})$

2. 可能控制条件列表

根据比载、控制应力，将有关数据按 g/σ_k 值由小到大列出表格，并按 A、B、C、D 顺序编号，如表 3-3 所示。导线比载的计算结果见第二章例题。

3. 计算临界档距

$$l_1 = \sqrt{\frac{24(\sigma_{ki} - \sigma_{kj}) + 24\alpha E(t_i - t_j)}{E[(g_i/\sigma_{ki})^2 - (g_j/\sigma_{kj})^2]}}$$

$$l_{1AB} = \sqrt{\dfrac{24(121.942 - 76.214) + 24 \times 18.9 \times 10^{-6} \times 76000(-20-10)}{76000[(0.279 \times 10^{-3})^2 - (0.446 \times 10^{-3})^2]}}$$

$$= i82.917 \ (\mathrm{m})$$

$$l_{1AC} = \sqrt{\dfrac{24(121.942 - 121.924) + 24 \times 18.9 \times 10^{-6} \times 76000(-20+5)}{76000[(0.279 \times 10^{-3})^2 - (0.454 \times 10^{-3})^2]}}$$

$$= 230.309 \ (\mathrm{m})$$

$$l_{1AD} = \sqrt{\dfrac{24(121.942 - 121.942) + 24 \times 18.9 \times 10^{-6} \times 76000(-20+5)}{76000[(0.279 \times 10^{-3})^2 - (0.462 \times 10^{-3})^2]}}$$

$$= 224.0 \ (\mathrm{m})$$

$$l_{1BC} = \sqrt{\dfrac{24(121.942 - 121.942) + 24 \times 18.9 \times 10^{-6} \times 76000(10+5)}{76000[(0.446 \times 10^{-3})^2 - (0.454 \times 10^{-3})^2]}}$$

$$= 1029.86 \ (\mathrm{m})$$

$$l_{1BD} = \sqrt{\dfrac{24(76.214 - 121.924) + 24 \times 18.9 \times 10^{-6} \times 76000(10+5)}{76000[(0.446 \times 10^{-3})^2 - (0.462 \times 10^{-3})^2]}}$$

$$= 752.007 \ (\mathrm{m})$$

$$l_{1CD} = \sqrt{\dfrac{24(121.942 - 121.942) + 24 \times 18.9 \times 10^{-6} \times 76000(-5+5)}{76000[(0.454 \times 10^{-3})^2 - (0.462 \times 10^{-3})^2]}}$$

$$= 0 \ (\mathrm{m})$$

表 3-3   可能控制条件排列表

出现控制应力 的气象条件	控制应力 (MPa)	比 载 (N/m · mm²)	温 度 (℃)	比 值 g/σ_k	顺序代号
最低温度	121.942	$g_1 = 34.015 \times 10^{-3}$	−20	0.297×10^{-3}	A
年平均气温	76.214	$g_1 = 34.015 \times 10^{-3}$	+10	0.446×10^{-3}	B
最大风速	121.942	$g_{6(25)} = 55.420 \times 10^{-3}$	−5	0.454×10^{-3}	C
覆 冰	121.942	$g_7 = 56.379 \times 10^{-3}$	−5	0.462×10^{-3}	D

4. 确定控制条件

列出临界档距控制条件判别表，见表 3-4。

从表 3-4 看出，A 栏中 l_{1AB} 为虚数，故该栏所有临界档距均无效，然后转换到 B 栏，选取一个最小的临界档距 $l_{1BD} = 725.007\mathrm{m}$ 为第一个有效临界档距，将较大的 l_{1BC} 舍弃。

由于 B 栏选取了 l_{1BD} 为有效临界档距，而且 C 栏的临界档距 $l_{1CD} = 0$，所以 C 栏被隔越，即 C 栏没有有效临界档距。

表 3-4   有效临界档距判别表

A	B	C
$l_{1AB} = i82.917 \ (\mathrm{m})$	$l_{1BC} = 1029.86 \ (\mathrm{m})$	$l_{1CD} = 0 \ (\mathrm{m})$
$l_{1AC} = 230.309 \ (\mathrm{m})$	$l_{1BD} = 725.007 \ (\mathrm{m})$	
$l_{1AD} = 224.0 \ (\mathrm{m})$		

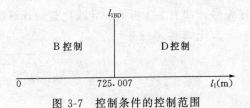

图 3-7 控制条件的控制范围

把有效临界档距标注在水平轴如图 3-7 所示。由图 3-7 可以看出，档距自 0～725.007m 范围内由编号 B 所代表的条件（即年平均气温和年平均运行应力）控制。档距大于 725.007m 范围由编号 D 所代表的条件（即覆冰和最大使用应力）控制。

第三节　导线机械特性曲线

在线路设计过程中，为了设计的方便，根据需要应计算导线（或避雷线）在各种气象条件下和不同档距的应力和弧垂，并把计算结果，以横坐标为档距，纵坐标为应力和弧垂绘制成各种气象条件的档距与应力、弧垂曲线，这些曲线叫做导线（或避雷线）的应力弧垂曲线或称机械特性曲线。

当已知气象条件和档距时，在导线和避雷线的机械特性曲线上，能够很快地查出相应的应力和弧垂。

导线（避雷线）的机械特性的计算，是根据一定的设计条件，计算出临界档距，然后判断出有效临界档距和相应的控制条件，再以控制气象条件和相应的控制应力为已知条件，利用导线状态方程式和弧垂公式，求出其它气象条件和档距时的应力和弧垂。

根据工程的需要，一般按表 3-5 所列的内容计算导线和避雷线的应力弧垂曲线。

表 3-5　　　　　　　　　　应力弧垂曲线计算项目

计算项目		大风	覆冰	安装	事故断线	最低气温	最高气温	大气过电压（有风）	大气过电压（无风）	操作过电压	平均运行应力	验算条件（稀有覆冰或稀有大风）
应力曲线	导线	△	△	△	△	△	△	△	△	△	△	
	避雷线	△	△	△					△		△	△
弧垂曲线	导线	△			*		△		△			
	避雷线								△			

注　有△者为需要绘制的曲线；无△者为不需要绘制的曲线；
　　带 * 者是在导线最大弧垂出现在最大垂直比载时，应计算覆冰、无风时和稀有覆冰无风时的弧垂曲线。

第四节　导线安装曲线

一、导线安装曲线计算

所谓导线安装曲线就是以横坐标为档距，以纵坐标为弧垂和应力，利用导线的状态方程式，将不同档距、不同气温时的弧垂和应力绘成曲线。该曲线供施工安装导线使用，并作为线路运行的技术档案资料。

导线和避雷线的架设安装，是在不同气温下进行的。施工前紧线时要用事前做好的安装曲线，查处各种施工气温下的弧垂，以确定架空线的松紧程度，使其在运行中任何气象条件下的应力都不超过最大使用应力，且满足耐振条件，使导线任何点对地面及被跨越物之间的距离符合设计要求，保证运行的安全。

安装曲线通常只绘制弧垂曲线，其气象条件为无风无冰情况。温度变化范围为最高气温到最低气温，可以每隔5℃（或10℃）绘制一条弧垂曲线，档距的变化范围视工程实际情况而定（参见图3-8）。其计算方法是以控制气象条件和控制应力为状态方程的初始条件，计算出安装导线气象条件下的应力，并求出相应的弧垂。在绘制弧垂曲线时，还要考虑导线的"初伸长"。

二、施工紧线时的观测弧垂

1. 观测档的选择

在连续档的施工紧线时，并不是每个档都观测弧垂，而是从一个耐张段中选出一个或几个观测档进行观测弧垂。为了使一个耐张段的各档弧垂都能满足要求，弧垂观测档应力求符合两个条件：即档距较大及悬挂点高度差较小的档。具体选择情况如下：

（1）当连续档在6档或6档以下时，靠近中间选择一大档距作为观测档；

（2）当连续档在7～15档时，靠近两端各选择一大档距作为观测档，但不宜选择有耐张杆的档距；

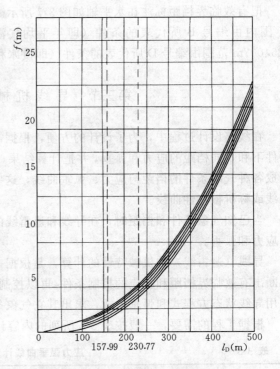

图 3-8　安装曲线（弧垂曲线）

（3）当连续档在15档以上时，应在两端及中间附近各选一大档距作为观测档。

2. 观测档的弧垂计算

线路施工时，一般根据各个耐张段的代表档距，分别从安装曲线上查出各种施工温度下的弧垂，再换算到观测档距的值，以便安装紧线时使用。

当已知代表档距的弧垂时，则观测档的弧垂计算如下

$$f = f_r \left(\frac{l}{l_r} \right)^2 \tag{3-24}$$

式中　f——观测档距的弧垂，m；

　　　f_r——代表档距的弧垂，m；

　　　l——观测档距长度，m；

　　　l_r——代表档距，m。

三、导线的初伸长处理

1. 初伸长及其影响

前面讲的架空线的力学计算，只考虑了弹性变形。实际上金属绞线不是完全弹性体，因此安装后除产生弹性伸长外，还将产生塑性伸长和蠕变伸长，综合成为塑蠕伸长。塑蠕伸长使导线、避雷线产生永久性变形，即张力出去这两部分伸长仍不消失，在工程上称之为初伸长。

初伸长与张力的大小和作用时间的长短有关。在运行过程中随着导线张力的变化和时

间的推移，这种初伸长逐渐被伸展出来，最终在 5～10 年后才趋于一稳定值。初伸长增加了档距内的导线长度，从而使弧垂永久性增大，结果使导线对地和被跨越物的距离变小，危及线路的安全运行。因此，在进行新线架设施工时，必须对架空线预作补偿或实行预拉，使其在长期运行后不致因塑蠕伸长而增大弧垂。

2. 初伸长的补偿

补偿初伸长最常用的方法有减小弧垂法和降温法等。

(1) 减小弧垂法。在架线时适当地减小导线的弧垂（增加架线应力），待初伸长在运行中被拉出后，所增加的弧垂恰恰等于架线时减少的弧垂，从而达到设计弧垂。下面导出考虑补偿初神长的导线状态方程。

设架线状态为 J 状态，各参量为：$g_J = g_1$、t_J、σ_J、L_J；导线产生初伸长后的最终状态为 m 状态，各参量为：g_m、t_m、σ_m、L_m。其中，$L_m = l + \dfrac{g_m^2 l^3}{24\sigma_m^2}$ 为初伸长发生后 m 状态下的下线长；$L_J = l + \dfrac{g_J^2 l^3}{24\sigma_J^2}$ 是为了补偿导线初伸长，架线状态 J 应有的线长。

为了补偿初线长，在架设导线时应把导线收紧些，使线长 L_J 比不补偿初伸长的线长稍有缩短。这样，L_J 因温度变化产生伸缩、因应力变化产生弹性伸缩再加上导线的初伸长量 $L_J \varepsilon$，便等于初伸长产生后 m 状态下的线长 L_m，即

$$L_m = L_J \big[1 + \alpha(t_m - t_J) \big] \Big[1 + \frac{1}{E_K}(\sigma_m - \sigma_J) \Big] + L_J \varepsilon$$

$$\approx L_J + l\alpha(t_m - t_J) + \frac{1}{E_K}(\sigma_m - \sigma_J) + l\varepsilon$$

把线长 L_m、L_J 的表达式代入上式整理得

$$\sigma_J - \frac{E_K g_J^2 l^2}{24\sigma_J^2} = \sigma_m - \frac{E_K g_m^2 l^2}{24\sigma_m^2} - \alpha E_K(t_J - t_m) + E_K \varepsilon \qquad (3\text{-}25)$$

式中　E_K——导线产生初伸长后最终状态的弹性系数，N/mm²；

　　　　ε——导线的伸长率。

其余符号同前。

从式（3-25）可以看出，由于计入了（$E_K \varepsilon$），用状态方程式计算的架线应力 σ_J 相应地增大了，因而架线弧垂 f_J 相应减小了，恰可抵偿线路运行后由初伸长所造成的弧垂增大。

导线和避雷线的初伸长率应通过试验确定，如无资料，一般可采用下列数值：

钢芯铝线　　　　　　　　$3 \times 10^{-4} \sim 4 \times 10^{-4}$

轻型钢芯铝线　　　　　　$4 \times 10^{-4} \sim 5 \times 10^{-4}$

加强型钢芯铝线　　　　　3×10^{-4}

钢绞线　　　　　　　　　1×10^{-4}

有关规程规定，对于 10kV 及以下配电线路，一般采用减少弧垂法补偿初伸长对弧垂的影响，弧垂减少的百分数为：

铝绞线　　　　20%

钢芯铝绞线　　12%

铜绞线　　　　7%～8%

（2）降温法。降温法是目前广泛采用的初伸长补偿方法。即将紧线时的气温降低一定的温度，然后按降低后的温度，从安装曲线查得代表档距的弧垂。再按式（3-24）计算出观测档距的弧垂，该弧垂即为考虑了初伸长影响的紧线时的观测弧垂。

在式（3-25）中，令

$$\varepsilon = \alpha \Delta t \tag{3-26}$$

式中　ε——导线初伸长率；

　　　α——导线线膨胀系数，$1/℃$；

　　　Δt——等值温差，在该温差下导线的热膨胀伸长率等于导线的初伸长率，℃。

则式（3-25）变为

$$\sigma_J - \frac{E_K g_J^2 l^2}{24\sigma_J^2} = \sigma_m - \frac{E_K g_m^2 l^2}{24\sigma_m^2} - \alpha E_K\left[(t_J - \Delta t) - t_m\right] \tag{3-27}$$

式中符号同前。

由上式可以看出，架线温度取比实际温度低 $\Delta t ℃$，即可补偿初伸长的影响。

对于不同种类的导线和避雷线，在考虑初伸长影响时，其降低的温度值是不同的，Δt 的值可根据式（3-26）来确定。与前面推荐的各种导线和避雷线初伸长率相对应的降温值如下：

钢芯铝线	$15 \sim 20℃$
轻型钢芯铝线	$20 \sim 25℃$
加强型钢芯铝线	$15℃$
钢绞线	$10℃$

第五节　最大弧垂的计算及判断

设计杆塔高度、校验导线对地面、水面或被跨越物间的安全距离，以及按线路路径的纵断面图排定杆塔位置等，都必须计算最大弧垂。最大弧垂可能在最高气温时或最大垂直比载时出现。为了求得最大弧垂，直观的办法是将两种情况下的弧垂分别计算出来加以比较，即可求得最大弧垂发生在什么情况下。但为了简便起见，一般先判定出现最大弧垂的气象条件，然后计算出此气象条件下的弧垂，即为最大弧垂。判断出现最大弧垂的气象条件，可用下面两种方法。

一、临界温度法

若在某一温度，导线自重所产生的弧垂与最大垂直比载（有冰无风）时的弧垂相等，则此温度称为临界温度，用 t_1 表示。

在临界温度的气象条件下，比载 $g = g_1$，温度 $t = t_1$，应力 $\sigma = \sigma_1$，相应的弧垂为

$$f_1 = \frac{g_1 l^2}{8\sigma_1}$$

在最大垂直比载的气象条件下，比载 $g = g_3$，温度 $t = t_3$（$-5℃$），应力 $\sigma = \sigma_3$，相应的弧垂为

$$f_3 = \frac{g_3 l^2}{8\sigma_3}$$

由临界温度的定义可知：$f_1 = f_3$，从而可求得 σ_1 满足下式

$$\sigma_1 = \sigma_3 \frac{g_1}{g_3} \qquad (3\text{-}28)$$

以最大垂直比载时的 g_3、t_3、σ_3 为 n 状态，以临界温度时的 g_1、t_1、$\sigma_1 = \frac{g_1}{g_3}\sigma_3$ 为 m 状态，把两种条件代入状态方程得

$$\sigma_3 - \frac{E g_3^2 l^2}{24\sigma_3^2} = \frac{g_1}{g_3}\sigma_3 - \frac{E g_1^2 l^2}{24\left(\dfrac{g_1}{g_3}\sigma_3\right)^2} - \alpha E(t_3 - t_1)$$

把上式化简，于是可解得临界温度为

$$t_1 = t_3 + \frac{\sigma_3}{\alpha E}\left(1 - \frac{g_1}{g_3}\right) \qquad (3\text{-}29)$$

式中　t_1——临界温度，℃；

　　　t_3——覆冰时大气温度，℃；

　　　σ_3——覆冰无风时的导线应力，MPa；

　　　α——导线的线膨胀系数，1/℃；

　　　E——导线的弹性系数，N/mm²；

　　　g_1——导线自重比载，N/m·mm²；

　　　g_3——导线覆冰时的垂直比载，N/m·mm²。

将计算出的临界温度 t_1 与最高温度 $t_{\max}$ 相比较，当 $t_{\max} > t_1$ 时，最高气温时的弧垂 f_1 为最大弧垂；当 $t_{\max} < t_1$ 时，覆冰时的弧垂 f_3 为最大弧垂。

二、临界比载法

如果最高温度时导线的弧垂与某一比载在温度 t_3 下所产生的弧垂相等，则此比载称为临界比载，用 g_1 表示。

在最高温度气象条件下，比载 $g = g_1$，温度 $t = t_{\max}$，应力 $\sigma = \sigma_1$，弧垂 $f_1 = \frac{g_1 l^2}{8\sigma_1}$。

在临界比载气象条件下，比载 $g = g_1$，温度 $t = t_3$（-5℃），应力 $\sigma = \sigma_1$，弧垂 $f_1 = \frac{g_1 l^2}{8\sigma_1}$。

由临界比载定义可知：$f_1 = f_1$，从而可得下式

$$\sigma_1 = \sigma_1 \frac{g_1}{g_1} \qquad (3\text{-}30)$$

将最高气温和临界比载两种气象条件分别作为 m 状态和 n 状态，代入状态方程可得

$$\sigma_1 \frac{g_1}{g_1} - \frac{E g_1^2 l^2}{24\left(\sigma_1 \dfrac{g_1}{g_1}\right)^2} = \sigma_1 - \frac{E g_1^2 l^2}{24\sigma_1^2} - \alpha E(t_3 - t_{\max})$$

由上式解出 g_1 为

$$g_1 = g_1 + \frac{\alpha E g_1}{\sigma_1}(t_{\max} - t_3) \qquad (3\text{-}31)$$

式中　g_1——临界比载，N/m·mm²；

　　　$t_{\max}$——最高气温，℃；

t_3——覆冰时大气温度，℃；

g_1——导线的自重比载，N/m·mm²；

σ_1——最高气温、比载为 g_1 时的导线应力，MPa；

α、E——导线的线膨胀系数及弹性系数，1/℃、N/mm²；

将计算出的临界比载 g_1 与最大垂直比载 g_3 相比较，当 $g_3 > g_1$ 时，覆冰时的弧垂 f_3 为最大垂直弧垂；当 $g_3 < g_1$ 时，最高气温时的弧垂 f_1 为最大弧垂。

三、举例

架空线通过Ⅳ类气象区，导线为 LGJ—120/20，设线路档距为 $l=300$m 悬挂点等高，试计算导线的最大弧垂。

解 导线比载见第二章例题，临界挡距、控制条件及控制范围见本章第二节例题。

（1）计算最高气温时的导线应力 σ_1：

由于 $l=300$m，小于有效临界挡距 $l_{IBD}=725.007$m，所以控制条件为年平均运行应力和年平均气温，即 $\sigma_m=76.214$（MPa），$t_m=10$℃，$g_m=g_1=34.015\times10^{-3}$（N/m·mm²）。最高气温时的参数为 n 状态，$\sigma_n=\sigma_1$，$t_n=t_{max}=40$℃，$g_n=g_1=34.015\times10^{-3}$（N/m·mm²）。

悬挂点等高时的状态方程为

$$\sigma_n^2(\sigma_n + A) = B$$

$$A = \frac{Eg_m^2l^2}{24\sigma_m^2} - \sigma_m + \alpha E(t_n - t_m)$$

$$B = \frac{Eg_n^2l^2}{24}$$

将已知的参数值代入 A、B 的公式得

$$A = \frac{76000 \times (34.015 \times 10^{-3})^2 \times 300^2}{24 \times (76.214)^2} - 76.214 + 18.9 \times 10^{-6} \times 76000(40 - 10)$$

$$= 23.648$$

$$B = \frac{76000 \times (34.015 \times 10^{-3})^2 \times 300^2}{24} = 32.975 \times 10^4$$

将 A、B 代入状态方程得

$$\sigma_n^2(\sigma_n + 23.648) = 32.975 \times 10^4$$

$$\sigma_n = 62.036 \text{ MPa}$$

即最高气温时的导线应力 $\sigma_1 = 62.036$ MPa

（2）计算临界比载 g_1 为

$$g_1 = g_1 + \frac{\alpha E g_1}{\sigma_1}(t_{max} - t_3)$$

$$= 34.015 \times 10^{-3} + \frac{18.9 \times 10^{-6} \times 76000 \times 34.015 \times 10^{-3}}{62.036}[40 - (-5)]$$

$$= 69.457 \times 10^{-3} \text{ (N/m·mm}^2)$$

由第二章例题知，最大垂直比载 $g_3 = 54.689 \times 10^{-3}$（N/m·mm²）。因为 $g_3 < g_1$，所以最高气温时导线的弧垂最大。

（3）计算导线得最大弧垂：

最大弧垂为 $f_1 = \dfrac{g_1 l^2}{8\sigma_1}$，代入各参量得

$$f_1 = \frac{34.015 \times 10^{-3} \times 300^2}{8 \times 62.036} = 6.168 \ (\text{m})$$

习　题

3-1　引起导线线长变化的因素有哪些？

3-2　什么叫控制气象条件？

3-3　什么是导线的机械特性曲线？绘制该曲线时需要计算哪些项目？

3-4　什么叫安装曲线？有何用处？

3-5　什么叫观测弧垂？如何选择观测档？

3-6　什么叫导线的初伸长？为什么新建线路要考虑初伸长？补偿初伸长的方法有几种？

3-7　某架空线路导线采用 LGJ—70/10，通过 Ⅱ 气象区。

（1）试计算临界档距，并确定控制条件的控制范围。（可利用第二章的结果）

（2）设线路档距为 $l = 300\text{m}$，悬挂点等高，试计算导线最大弧垂。

3-8　设某架空线路通过第 Ⅱ 类典型气象区，导线为 LGJ—70/10，档距为 100m，已知 $g_1 = 33.99 \times 10^{-3} (\text{N/m} \cdot \text{mm}^2)$，$g_2 = 28.64 \times 10^{-3} (\text{N/m} \cdot \text{mm}^2)$，最高气温使导线应力 $\sigma_{40℃} = 42.14\text{MPa}$，覆冰、无风时导线应力 $\sigma_{-5℃} = 99.81 \ \text{MPa}$，$\alpha = 19 \times 10^{-6} \ (1/℃)$，$E = 79000 \ (\text{N/mm}^2)$，试用临界温度法判断最大弧垂出现的气象条件，并计算最大弧垂。

第四章 杆塔的定位原理

杆塔定位是在线路初勘测量、终勘测量的基础上进行的。并伴随施工定位测量而结束。

在线路初步设计阶段进行初勘测量。其主要任务是根据地形图上初步选择的路径方案进行现场实地踏勘或局部测量，以便确定最合理的路径方案。为初步设计提供所必须的资料和数据。在线路施工图设计阶段，进行终勘测量。其主要任务是根据批准的初步设计，在现场实地进行线路路径的平衡面测量，并绘制纵面图及平面图，为施工设计提供所必须的资料和数据。施工定位测量是在施工之前，根据批准的施工图设计，进行现场测量。其主要工作内容是按照纵断面图及平面图上排定的杆位，通过仪器测量，把已设计在图纸上的杆塔标定在大地上，以便进行施工。

在架空线路纵断图上，用模板确定杆塔的位置并选定杆塔的形式称杆塔定位。用模板确定杆位和杆型，只能知道导线对地的距离是否满足要求，尚不知道导线风偏后对杆塔的空气间隙是否满足要求。也不知道导线避雷线是否上拔，绝缘子串的机械强度是否满足要求等。因此，杆塔定位后，还必须进行一系列的校验工作，称为定位校验。

第一节 杆塔的确定

一、杆塔的呼称高

架空导线对地面、对被跨越物必须保证有足够的安全距离。为此，要求线路的杆塔具有必要的适当的高度。同时还要求线路有与杆高相配合的适当的档距。

从地面到最低层横担绝缘子串悬挂点的高度，叫做杆塔的呼称高，用 H 表示，如图 4-1 所示，用下式计算

$$H = \lambda + f + h + \Delta h \tag{4-1}$$

式中　　λ——绝缘子串长度，m；

　　　　f——导线最大弧重，m；

　　　　h——导线对地最小允许距离，也叫限距，m；

　　　　Δh——考虑施工误差预留的裕度，m，一般取 0.5～1m，视档距大小而定。

现推荐参考值见表 4-1。

二、经济塔高和标准塔高

从表 4-1 中我们可以知道，杆塔高度和档距有密切关系。档距增加，导线弧垂增大，杆塔加高，但每公里线路的杆塔基数相应减少；反之，档距减少，杆塔高度降低，但基数增

表 4-1　　　　　　　　　　　定 位 裕 度

档距（m）	<200	200～350	350～600	600～800	800～1000
定位裕度（m）	0.5	0.5～0.7	0.7～0.9	0.9～1.2	1.2～1.4

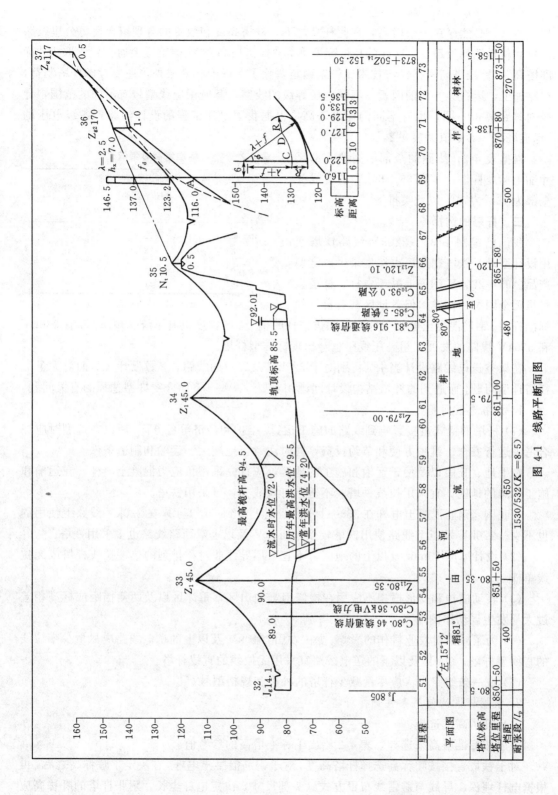

图 4-1 线路平断面图

加。所以，必然存在一个塔高，在此杆高之下，杆塔高度和数量的合理组合使每公里线路造价和材料消耗量最低。这样的杆塔高度称为"经济塔高"。我国工程上通常把它取为"标准塔高"。标准塔高根据经济技术比较来确定，除了考虑经济效果外，还要考虑杆塔制造，线路施工，运行等方面的因素。不同电压等级的线路，其所用导线型号有不同的范围，导线对地距离也不同，也有不同的标准塔高，根据我国以往工程的设计经验，各级电压的"标准塔高"参考值见表4-2。

根据表4-2，线路的全部塔高的头部尺寸加上标准杆塔，一般35～60kV的直线杆全部为15m左右，以此类推。

三、杆塔的选择

我国已编制了35～220kV线路铁塔通用设计型录，铁塔制造厂也按型录生产定型产品。35～220kV钢筋混凝土电杆，杆塔型号虽无全国统一标准，但各地区都有自己的

表4-2　　　　　标准塔高参考值

杆塔种类 电压等级（kV）	钢筋混凝土 电杆呼称高 （m）	铁塔呼称高 （m）
30～60kV	12	—
110kV	13	15
154kV	17	18
220kV	21	23

标准杆型。钢筋混凝土电杆主杆直径和拔梢杆的梢径、圆锥度也有了统一规格。随着330kV和550kV线路的发展，超高压线路也会出现标准型杆塔。

在架空送电线路设计当中，特别对于220kV及以下的线路，多数设计人员面对大量的杆塔选型问题，而遇到的杆塔结构设计问题相对要少一些。下面介绍杆型选择的有关问题。

1. 杆塔选型问题

（1）杆塔的型式直接影响到线路的施工运行、维护和经济等各方面，所以在选型时应综合考虑运行安全、维护方便和节约投资，同时注意当地施工、运输和制造条件。

在平地、丘陵以及便于运输和施工的地区，应首先采用预应力混凝土电杆。在运输和施工困难的地区，宜采用拉线铁塔；不适于打拉线处，可采用铁塔。

在我国，钢筋混凝土电杆在35～110kV线路上得到广泛运用，在220kV线路上使用的也不少。220kV及以上线路使用铁塔较多。110kV及以上双回路线路也多采用铁塔。

（2）设计冰厚15mm及以上的地区，不宜采用导线非对称排列的单柱拉线杆塔或无拉线单杆。

（3）转动横担和变形横担不应用在检修困难的山区，重冰区以及两侧档距或标高相差过大易发生误动作的地方。

（4）为了减少对农业耕作的影响、少占农田，110kV及以上的送电线路应尽量少带拉线的直线型杆塔；60kV及以下的送电线路宜采用无拉线的直线杆塔。

（5）在一条线路中，应尽量减少杆塔的种类和规格型号。

2. 根据杆塔的使用条件选择杆塔

（1）杆塔高度选择。

一般按标准塔高来选择，表4-2给出了标准塔高的参考值。

对于铁塔直接按呼称高选择杆塔高度，对于钢筋混凝土电杆，在决定了呼称高之后，再根据电杆埋深、导线与避雷线布置方式（头部尺寸）决定电杆全长。耐张杆塔的呼称高应低于直线杆塔。特殊地形的杆高、根据交叉跨越情况按式（4-1）来选择。

（2）杆塔强度选择。

一般杆塔型录上都给出杆塔适用的导线型号、气象条件、垂直档距、水平档距和最大使用档距。同时也给出杆塔受力负荷图。选择杆塔时，线路条件和杆塔使用条件应大致相符合。在杆位排定后，校验杆塔的受力。

（3）杆塔允许线间距离选择。

杆塔型录上给出了各种杆塔的导线、避雷线布置方式和线间距离。在选择杆塔时应考虑线路的导线布置方式和对线间距离的要求。在排定杆位后再校验绝缘子串摇摆角和线间距离。

（4）转角杆塔选择。

转角杆塔除考虑上述各条件之外，还应考虑杆塔的转角。杆塔额定转角应大于等于线路转角。这一要求是考虑转角杆塔所受导线角度力和跳线对杆塔构件允许空气间隙距离而提出的。

第二节 杆塔的定位原理

一、纵断面图和平面图

纵断面图是沿线路中心的剖面图，表示沿中心线的地形，被跨越的位置和高度。而平面图则表示沿线路中心线左右各 20～50m 宽地带的平面图。平面图和纵面图都展成直线画在一张图上，简称平断面图。当线路遇有转角时，在平面图上标出转角方向，并注明转角的度数。地形复杂时，例如当线路中心线与边线高度差较大，边线对地限距有可能不满足要求时，还需画出局部横断面图。

纵断面图比例一般水平方向为 1：1500，垂直方向为 1：500；对于地形复杂的地区或要求精度比较高时，水平方向为 1：2000，垂直方向为 1：200。

在平面图的下部，应填上桩号、标高、桩距、耐涨段长度。并应留有填写杆塔形式，杆塔编号和档距等表格，备定位时使用。如图 4-1 所示。

二、定位模板曲线

模板曲线就是最大弧垂气象条件下按一定比例尺绘制的导线的垂直曲线，是最大弧垂的时候，导线悬挂在空气的相似形状。

由导线悬垂曲线的平抛物线方程可知

$$y = \frac{g}{2\delta_0}x^2 \tag{4-2}$$

令

$$K = \frac{g}{2\delta_0}$$

得平抛物线方程为

$$y = \frac{g}{2\delta_0}x^2 = Kx^2 \tag{4-3}$$

斜抛物线方程为

$$y = \frac{g}{2\delta_0 \cos\Phi}x^2 \cos\phi \tag{4-4}$$

悬链线方程为

$$y = \frac{\sigma_0}{g}\left(\text{ch}\frac{g}{\sigma_0}x - 1 \right) = \frac{1}{2K}(\text{ch}2Kx - 1) \tag{4-5}$$

式中　g——最大垂直弧垂时比载，$N/m \cdot mm^2$；

　　　σ_0——最大垂直弧垂时的导线水平应力，MPa。

式 (4-3)、式 (4-4)、式 (4-5) 所示的曲线叫最大垂直弧垂曲线，也叫模板曲线，将其按一定比例尺刻在透明的塑料板上，就是弧垂模板，称为通用弧垂模板（也叫热线板）。

要注意的是模板曲线的比例尺应和所用的平断图的比例相同。

模板曲线通常绘制成和纵轴对称的形式。横轴方向的长度约为代表档距的 $2\sim3$ 倍，一般平原地区可取土 400m。模板上应标明 K 值和比例尺。模板的形状如图 4-2 所示。

三、用模板曲线在平面图上的定位方法

1. 杆高和杆位的关系

杆高和杆位的基础关系如图 4-3 所示。虚线①是导线的悬挂曲线；从曲线①的位置把曲线向下平移 h（导线对地允许距离）得到曲线②，曲线②叫做导线地面安全线；从曲线①位置向下平移的距离等于杆塔上导线悬挂点高度 H'，得到曲线③。

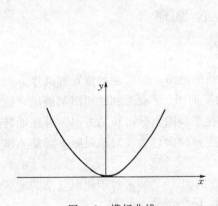

图 4-2　模板曲线

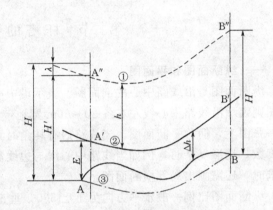

图 4-3　杆高与杆位关系图

下层横担导线悬挂点 H' 按下列公式确定。

对于直线杆 $\qquad\qquad\qquad H' = H - \lambda \qquad\qquad\qquad\qquad$ (4-6)

对于耐张杆 $\qquad\qquad\qquad H' = H \qquad\qquad\qquad\qquad\qquad$ (4-7)

式中　H'——导线悬挂点距地面的高度，m；

　　　H——杆塔的呼称高，m；

　　　λ——悬垂绝缘子串的长度，m。

由图 4-3 中可以看出，曲线②上距地面最近点对地面的铅垂距离等于定位裕度 ΔH 则曲线①既为导线在空中悬挂的实际位置。而曲线③与地面的交点即为杆塔的位置。

在平原地区杆塔的呼高 H 满足式

$$H = \lambda + f_\mathrm{m} + h + \Delta h \qquad\qquad\qquad (4-8)$$

式中　f_m——导线可能最大弧垂。

在山区则不然，如果塔位地形有利，可以使杆塔高 $H < \lambda + f_\mathrm{m} + h + \Delta h$；如果塔位选择不利（如洼地），可能使 $H > \lambda + f_\mathrm{m} + h + \Delta h$。

2. 杆塔定位高度

在模板曲线上也可以只画一条曲线 ②（即导线地面安全线），这是因为当电压等级一定时，绝缘子串的长度和导线距地面的限距也相应的确定了。若 A 点立一基杆塔，曲线②与地面考虑了一定的裕度后和过 A 点铅垂线的交点 A''，则 A'' 点到杆塔基础施工面间的高度差叫做杆塔的定位高度 E，对于

直线杆塔 $\qquad\qquad\qquad E = H - h - \lambda$ $\qquad\qquad\qquad$ (4-9)

耐张杆塔 $\qquad\qquad\qquad E = H - h$ $\qquad\qquad\qquad\qquad$ (4-10)

3. 在平断面图上用模板曲线的定位方法

(1) 先确定特殊杆塔的塔位。例如终端杆，耐张杆，转角杆，或特殊跨越杆等可以先确定。

(2) 由已定位的杆塔开始确定其它中间杆位。其定位方法：

1）将模板曲线对称轴 Y 轴始终保持铅垂位置；

2）在平断面图上移动摸板曲线；

3）考虑模板曲线与地面的定位裕度，其参考值见表 4-1；

4）在已定位杆塔侧曲线对地面的高差等于该杆塔的定位高度；

5）模板曲线②的另一侧对地面高差等于定位高度的点所对应的地面处即为待定杆位。定位时应考虑其它因素的影响，以尽量减少返工。

4. 模板曲线 K 值的选择和校验。

根据上面介绍的杆位排定方法，存在一个问题：在未排出杆位之前，不知道耐张段内各档的档距，也不知道代表档距，因而无法算出最大弧垂条件下导线的应力 σ_0，模板曲线也无法绘制。

解决的方法是试凑和逐渐趋近。即先假定一个代表档距，求出 K 值，绘制或选择弧垂模板，排定杆位。然后根据所排定的杆位计算实际的代表档距和相应的 K 值。如果实际 K 值和原用木模板曲线的 K 值相等或误差在允许范围之内，则所排杆位有效。否则，应采用实际的 K 值绘制或选择模板，重新排定杆位，直到 K 值误差在允许范围为止。

K 值的误差范围为 $\qquad\quad \Delta K = \pm\, 0.125 \times 10^{-4} \quad (1/\text{m})$

第三节 防 振 措 施

一、导线产生振动的原因

导线在铅垂方向受到外力干扰时，才会产生振动。在一般情况下，由于振动时受到阻力，振动为衰减振动。如果铅垂方向导线承受按周期交替变化的外力，且外力交替变化的频率和导线的某一自振频率相同时，导线则在该频率下产生谐振。在线路工程上所说的导线振动，就是指导线在交替外力作用下产生的谐振。

1. 风对导线周期性冲击的产生

稳定均匀的微风沿架空线横向吹来时，可能在导线背风面的下部或上部交替的出现"旋涡"，从而对导线产生一个上下交替的冲击力。

图 4-4 画出了在导线背风面的下部有"涡流"存在的气流流线图。在导线圆柱上表面部分的 A 点，其风速大于下部的 B 点。这样便沿铅锤方向对导线形成了向上的冲击力。如果

"旋涡"在背风面的上部，则对导线产生的冲击力改变方向。

如上所述，这种作用于导线的上下交替冲击力的频率如果和导线的自振频率相等，将引起导线的谐振。

2. 风对导线冲击力的交变频率

导线背风面"旋涡"交替出现的频率，也就是对导线冲击力的频率，大致和风速比例，也和导线直径有关。根据试验，此频率 f_F 可以足够精确的用下面的公式来计算

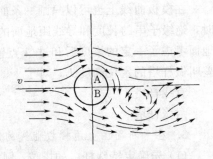

图 4-4　导线背风面的下部气流流线图

$$f_F = 200\frac{V}{d}\qquad(4\text{-}11)$$

式中　V——风速，m/s；

d——导线的直径，mm。

3. 影响导线振动的因素

（1）风和风速。只有当平稳均匀的气流吹向导线时，才能对导线产生交替的冲击。"涡流"式的气流吹向导线时，交替冲击被破坏；"紊流"式气流吹向导线时，也会妨碍振动的发展。所以，凡是有利于形成稳定均匀的气流时，导线就容易振动。

导线的振动和风速有关。当风速小的时候，由于风给导线的能量很少，一般不会引起振动。导线振动的风速大约为 0.5m/s，这叫做导线的振动的下限风速。此外，还存在一个上限风速。因为风速加大，不可能持续出现稳流。所以，风速超过某上限风速时，是不可能形成谐振的。

导线振动的上限风速和导线悬挂高度有关，也和档距有关。当导线悬挂高度增加时，由于风受地面的影响相对地要小一些，容易形成平稳气流，所以振动的上限风速增加。档距加大，导线悬挂高度随之增加，上限风速增加，见表 4-3。

（2）风向。观察表明，当风向与导线轴向夹角为 45°～90°时，会产生稳定的振动。在夹角为 30°～45°时，产生不稳定的振动。当夹角为小于 20°～30°，则很少产生振动。

（3）地形、地物。地形、地物会影响稳定气流的形成。一般平坦开阔地带易形成平稳均匀的气流。所以平原、沼地、漫岗、横跨河流和平坦风道等处为易振地区。而有高山树林和建筑物做屏障的地区，其近地面处的均匀风易受到破坏，属于不易起振的地区。

（4）导线静态应力。当导线振动时，将在导线的静态应力上叠加一个动态应力。所以静态应力愈高，导线产生振动时，所造成的危害也愈大。因此，在导线防振时，对于导线长期运行中最有代表性的运行应力——平均运行应力即平均气温下的应力，应有所限制。

二、导线的自由振动方程

假定导线为柔软的近似沿直线张紧的细弦，它受着不随时间变化的张力的作用，还

表 4-3

档距 （m）	导线悬挂点高度 （m）	引起振动的风速 （m/s）
150～250	12	0.5～4.0
300～450	25	0.5～5.0
500～700	40	0.5～6.0
700～1000	70	0.5～8.0

受着本身重力的作用。在这一条件下，我们来讨论导线作微小横向振动的问题。

1. 导线弦振动的波动方程

假定导线重量沿 x 轴方向均匀分布，单位长度导线重量为 q kg/m，重力加速度为 9.81m/s²。

把弦上任一点的运动看成小弧度 ds 的运动。ds 段导线的受力如图 4-5 所示。

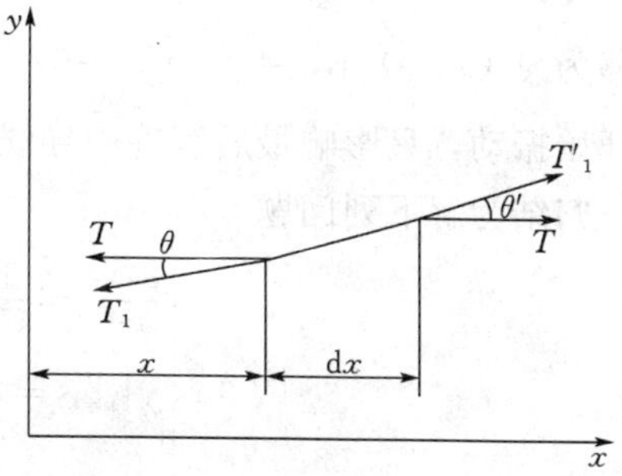

根据受力特点

$$T\,\mathrm{tg}\theta' - T\,\mathrm{tg}\theta - q\mathrm{d}s = \frac{q\mathrm{d}s}{9.81} \times \frac{\partial^2 y(x,t)}{\partial t^2}$$

图 4-5 ds 段导线的受力

$$T\left[\frac{\partial y(x+\mathrm{d}x,t)}{\partial x} - \frac{\partial y(x,t)}{\partial x}\right] - q\mathrm{d}x = \frac{q\mathrm{d}x}{9.81} \times \frac{\partial^2 y(x,t)}{\partial t^2}$$

式中 $\dfrac{\partial^2 y(x,t)}{\partial t}$——导线上任一点在 y 方向运动的加速度。

等式左边方括内的量是由于变量 x 产生 $\mathrm{d}x$ 的变化所引起的 $\dfrac{\partial y(x,t)}{\partial x}$ 的增量，可用微分近似来代替，即

$$\frac{\partial y(x+\mathrm{d}x,t)}{\partial x} - \frac{\partial y(x,t)}{\partial x} = \frac{\partial}{\partial x}\left[\frac{\partial y(x,t)}{\partial x}\right]\mathrm{d}x = \frac{\partial^2 y(x,t)}{\partial x^2}\mathrm{d}x$$

于是

$$\left[T\frac{\partial^2 y(x,t)}{\partial x^2} - q\right]\mathrm{d}x = \frac{q}{9.81} \times \frac{\partial^2 y(x,t)}{\partial t^2}\mathrm{d}x$$

$$\frac{9.81T}{q} \times \frac{\partial^2 y(x,t)}{\partial x^2} = 9.81 + \frac{\partial^2 y(x,t)}{\partial t^2}$$

在张力较大时，弦振动的加速度比重力加速度 9.81 大得多，等式右边第一项可以忽略不计，最后得到

$$\frac{\partial^2 y(x,t)}{\partial x^2} = \frac{1}{V^2}\frac{\partial y^2(x,t)}{\partial t^2} \tag{4-12}$$

$$V = \sqrt{\frac{9.81T}{q}} \tag{4-13}$$

式中 V——振动波沿导线传播的速度。

式（4-12）就是弦振动的微分方程，称为一维波动方程。

2. 导线的自由振动方程

通常认为，在导线振动过程中，其悬挂点固定不动。所以，导线的自由振动和有界限的振动类似。

设架空线路一档线长为 L，坐标原点选在档距左端悬挂点。则导线振动的边界条件为

$$y(0, t) = 0 \qquad (y|_{x=0} = 0)$$
$$y(L, t) = 0 \qquad (y|_{x=L} = 0)$$

解方程式（4-12），还需知道初始条件。一般应给出在 $t=0$ 瞬间，旋振动的初始位移和初速度。我们讨论导线的振动问题，主要是了解振动的规律（如波长，频率，振幅等），并

不十分关注每一瞬时的运动过程。给出初始条件时，可以设法使问题简化一些，例如，使位移为 $y(x, t)|_{t=0} = \varphi(x) = 0$，而初速度 $\frac{\partial y}{\partial t}|_{t=0} = \psi(x)$。上述假设意味着在 $t = 0$ 的瞬时开始振动，只影响最后解答中导线振动的初相位。

归结为解下列问题

$$\begin{cases} \dfrac{\partial^2 y}{\partial x^2} = \dfrac{1}{V^2}\dfrac{\partial^2 y}{\partial t^2} \quad (0 < x < L, t > 0) \\ y|_{x=0} = 0 \quad y|_{x=L} = 0 \\ y|_{t=0} = \varphi(x) = 0, \dfrac{\partial y}{\partial t}|_{t=0} = \psi(x) \end{cases} \tag{4-14}$$

用分离变量法，解这个问题。求式（4-12）的分离变量形式 $y(x, t) = X(x) \cdot T(t)$ 的非零解，并满足式（4-14）的齐次边界条件。该式中 $X(x)$，$T(t)$ 分别表示仅与 x 有关及仅与 t 有关的待定函数。

把 $\frac{\partial^2 y}{\partial x^2} = X''(x) T(t)$ 和 $\frac{\partial^2 y}{\partial t^2} = X(x) T''(t)$ 代入方程（4-12）得

$$\frac{1}{V^2}X(x)T''(t) = X''(x)T(t)$$

$$\frac{X''(x)}{X(x)} = \frac{T''(t)}{V^2 T(t)} \tag{4-15}$$

上式左边是 x 函数，右边是 t 的函数，只有它们均为常数时才能相等，令此常数为 $-\beta^2$，此时

$$\frac{X''(x)}{X(x)} = \frac{T''(t)}{V^2 T(t)} = -\beta^2$$

$$\begin{cases} X''(x) + \beta^2 X(x) = 0 & \tag{4-16} \\ T''(t) + \beta^2 V^2 T(t) = 0 & \tag{4-17} \end{cases}$$

利用边界条件式（4-14）得到

$$y(0,t) = X(0)T(t) = 0$$

$$y(L,t) = X(L)T(t) = 0$$

由于 $T(t) \neq 0$（如果 $T(t) = 0$，得到零解，非我们所求），所以

$$X(0) = X(L) = 0 \tag{4-18}$$

当 β 为非零的实数时，$\beta^2 > 0$，此时式（4-16）的通解为

$$X(x) = A\cos\beta x + B\sin\beta x \tag{4-19}$$

将边界条件式（4-18）代入上式（4-19），得

$$A = 0$$

$$B\sin\beta L = 0$$

由于 $B \neq 0$（否则，y 也仅有零解），所以

$$\sin\beta L = 0$$

$$\beta = \frac{n\pi}{L} \quad (n = 1, 2, 3, \cdots) \tag{4-20}$$

将 A 和 B 代入式（4-19），得

$$X_n(x) = B_n \sin \frac{n\pi}{L} x \quad (n = 1, 2, 3, \cdots) \tag{4-21}$$

下面求 T（t）。把式（4-17）中的 β 值代入式（4-20），得

$$T''_n(t) + \frac{V^2 n^2 \pi^2}{L^2} T_n(t) = 0$$

其通解为

$$T_n(t) = C'_n \cos \frac{n\pi V}{L} t + D'_n \sin \frac{n\pi V}{L} t \quad (n = 1, 2, 3, \cdots) \tag{4-22}$$

根据我们给定的初始条件 $y|_{t=0} = 0$ 可得

$$y|_{t=0} = X(x)T(t)|_{t=0} = 0$$

由于 X（x）$\neq 0$，所以 T（t）$|_{t=0} = 0$，可以定出常数 $C'_n = 0$，因而

$$\begin{aligned}
y(x,t) &= B_n \sin\left(\frac{n\pi}{L} X\right) D'_n \sin \frac{n\pi V}{L} t \\
&= A_0 \sin\left(\frac{n\pi}{L} X\right) \sin \frac{n\pi V}{L} t \\
&= A_0 \sin\left(\frac{2\pi x}{\lambda}\right) \sin(2\pi f_D t) \tag{4-23}
\end{aligned}$$

$$\lambda = \frac{2L}{n}$$

$$f_D = \frac{nV}{2L}$$

式中　λ—— 弦振动波长；

f_D——弦振动频率。

这就是导线作弦振动的自由振动方程式，它是式（4-14）的特解。其中 n 为任意的正整数。

3. 导线自由振动的波长与频率

由式（4-23）可知，振动波的波长 λ 为

$$\lambda = \frac{2L}{n} \tag{4-24}$$

自由振动频率为

$$f_D = \frac{n\pi V}{L} \times \frac{1}{2\pi} = \frac{nV}{2L} = \frac{V}{\lambda} = \frac{1}{\lambda} \sqrt{\frac{9.81T}{q}} \tag{4-25}$$

式（4-23）、式（4-24）、式（4-25）中各量意义如下：

y（x, t）——某一振动频率下（n 为某一正整数时），导线上任一点在 t 瞬时离开其平衡位置的位移，m；

A_0——某一频率 f_D 下波腹点的最大振幅，m；

$V = \sqrt{\dfrac{9.81T}{q}}$——波的传播速度，m/s；

f_D——导线的振动频率，周/s；

L——一档线长，m；

λ——波长，m；

n——档内半波长的数目；

T——导线张力，kg；

q——单位长度导线重量，kg/m。

导线振动波沿导线呈"驻波"分布。在振动过程中，同一频率振动波的波节和波腹的位置是固定的。如图4-6所示。

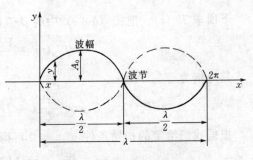

图 4-6　波节和波腹的位置

4. 在风力的交替冲击下，导线谐振的半波长、振动角

导线谐振的条件是，外部冲击力的频率和导线的某一自振频率相同。因而式（4-25）和式（4-11）相等，得到

$$f_D = \frac{1}{\lambda}\sqrt{\frac{9.81T}{q}} = f_F = 200\frac{V}{d}$$

由此导出谐振时导线的半波长

$$\frac{\lambda}{2} = \frac{d}{400V}\sqrt{\frac{9.81T}{q}} \tag{4-26}$$

式中　$\dfrac{\lambda}{2}$——风使导线谐振时导线振动的半波长，m；

V——发生谐振时的风速，m/s。

在上述情况下，导线将产生强烈的振动。

导线振动的强弱可以用振幅来表示，也可以用导线悬挂点处的振动角——导线曲折的角度来表示，如图4-7所示。

根据式（4-23）求出$\dfrac{\partial y(x,t)}{\partial x}$，则振动角的正切为

$$\mathrm{tg}\theta = \frac{\partial y(x,t)}{\partial x}\Big|_{x=0}$$

最大振动角为

$$\theta = \mathrm{tg}^{-1}\left(\frac{2\pi A_0}{\lambda}\right) \tag{4-27}$$

式中　A_0——导线振动的最大振幅，m；

λ——波长，m。

当平均运行应力不超过导线破坏力的25%、振动角$\theta \leqslant 10°$时，振动对于导线是没有危险的。

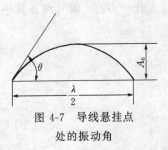

图 4-7　导线悬挂点处的振动角

三、导线的防振措施

1. 导线的防振措施

防振从两方面着手，一是减弱振动，一是增强导线耐振强度。

（1）减弱振动的措施。

在可能的情况下闭开和减少容易起振的客观因素，但这

种可能性往往是比较小的，有时候会大大的增加线路投资，反而得不偿失。目前我国是采用在导线上加装防振装置以减弱导线的振动。我国应用最广泛的防振装置是防振锤，有时也用阻尼线。利用线路的其它设备，例如柔性横担、偏心导线和防振线夹等也可以阻尼导线的振动。

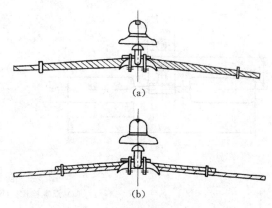

图 4-8 护线条和打背线
(a) 护线条；(b) 打背线

（2）加强导线的耐振强度。

在这方面，可以加装护线条或打背线，加强线夹出口处的刚性，减少出口处导线的弯曲应力和挤压应力，减少摩损。护线条或打背线对消耗导线的振动能量，减弱振动也有一定作用。护线条和打背线的示意图，如图 4-8 所示。近年来也用预绞丝来代替护线条。

降低导线的静态应力可以使导线自振频带变窄，并使导线阻尼作用加强，削弱导线振动强度。同时，降低导线静态应力，导线振动时的动态应力对导线的破坏作用也会降低。

《规程》规定，导线和避雷线的防振措施的导线平均运行应力应符合表 4-4 的要求。

表 4-4 导线和避雷线的平均运行应力上限和防振措施

情 况	防振措施	平均运行应力上限（瞬时破坏应力的%）	
		钢芯铝线	钢绞线
档距不超过500m的开阔地区	不需要	16	12
档距不超过500m的非开阔地区	不需要	18	18
档距不超过120m	不需要	18	18
不论档距大小	护线条	22	—
不论档距大小	防振锤（线）或另加护线条	25	25

2. 防振锤计算

防振锤结构示意图如图 4-9 所示。它是由一段钢绞线两个重锤连接在一起构成的。钢绞线中部装有一个夹子，用以把防振锤固定在导线上。

当导线振动时，重锤因惯性不断上下甩动，使钢绞线上下弯曲。它造成钢绞线股间及绞线内部分子间的摩擦而消耗一部分能量，使导线的振动在较小的振幅下达到能量平衡。从而限制导线振动的振幅，削弱振动强度。

防振锤的计算主要解决两个问题，一是选择防振锤的重量、型号和个数，二是计算防振锤的安装位置。

（1）防振锤选择。

防振锤的自振频率要和导线相近，这样，当导线振动时，引起防振锤共振，使两个重锤有较大的甩动，可以有效的消耗导线的振动能量。防振锤的重量应和导线型号适应。当导线直径加大时，其振动能量也随之增加。为了有效的消耗导线振动的能量，防振锤的重量也要增加。我国国家标准 GB2336—80 规定了防振锤所适用的导线型号，摘录于表 4-5。

型号中字母及数字意义为：F——防振锤；D——导线（适用）；G——钢绞线（适用）。

字母后数字——FD 型为适用导线组合号；FG 型为适用钢绞线截面，mm^2。

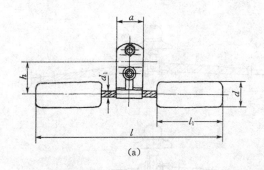
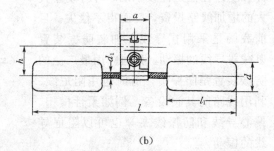

(a)   (b)

图 4-9 防振锤

(a) 双螺栓式；(b) 绞扣式

表 4-5　　　防振锤型号及适用导线

防振锤型号	型式	适用导线型号	重量（kg）
FD—1	双螺栓	LGJ—35～50	1.5
FD—2	双螺栓	LGJ—70～95	2.4
FD—3	绞扣式	LGJ—120～150	4.5
FD—4	绞扣式	LGJ—185～240	5.6
FD—5	绞扣式	LGJ LGJQ—300～400	7.2
FD—6	绞扣式	LGJQ—500～600	8.6
FD—35	双螺栓	GJ—35	1.8
FD—50	双螺栓	GJ—50	2.4
FD—70	绞扣式	GJ—70	4.2
FD—100	绞扣式	GJ—100	5.9

在线路档距较大时，风输给导线的能量比较大，一个防振锤消耗的能量则比较小，不能把振动限制到要求达到的程度。所以，在较大档距下，需要装多个防振锤。需要装设的个数可根据经验和实测防振效果决定。对标准防振锤可参考表 4-6。

（2）防振锤的安装位置。

防振锤的安装位置是指它距离线夹的距离，一般叫安装距离。对悬垂线夹来说，指悬垂线夹中心线到防振锤夹板中心线间的距离。对于压接式或轻型螺栓式耐张线夹来说，指线夹连接螺栓孔中心到防振锤夹板中心线的距离。对于螺栓式耐张线夹来说，由于耐张线夹本身很重，可以认为线夹不振动，因而线夹出口处即为导线的"波节点"，所以重型耐张线夹出口处到防振锤夹板中心线间的距离即为安装距离，如图 4-10 所示。

表 4-6

防振锤型号	导线直径（mm）	当需要装置下列防振锤个数时的相应档距（m）		
		1 个	2 个	3 个
FG—50，FG—70 FD—2	$d<12$	<300	>300～600	>600～900
FD—3，FD—4	$12\leqslant d\leqslant 22$	≤350	>350～700	>700～1000
FD—6　FD—5	$d<22～37.1$	≤450	>450～800	>800～1200

1）安装一个防振锤的安装距离：

为了有效的消耗导线振动的能量，防振锤安装在自导线悬挂点算起第一个半波的波腹点是最适宜的。但是导线振动有多种频率，所以安装位置应照顾到对各种频率都能有效的起到减振作用。

按照式（4-26）分别求出导线振动的最大及最小半波长

$$\lambda_{max}/2 = \frac{d}{400V_{min}}\sqrt{\frac{9.81 \times T_{max}}{q}}$$

$$= \frac{d}{400V_{min}}\sqrt{\frac{9.81 \times T_{max}}{g_1}} \qquad (4-28)$$

$$\lambda_{min}/2 = \frac{d}{400V_{max}}\sqrt{\frac{9.81 \times T_{min}}{q}}$$

$$= \frac{d}{400V_{max}}\sqrt{\frac{9.81 \times T_{min}}{g_1}} \qquad (4-29)$$

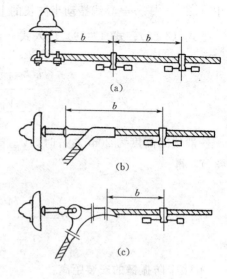

图 4-10 防振锤的安装距离

式中　λ_{max}、λ_{min}——导线振动最大、最小半波长，m；

　　　　d——导线直径，mm；

　　T_{max}、T_{min}——最低温、最高温时导线张力，kg；

　　　　V_{min}——导线起振最小风速，取 $V_{min}=0.5$m/s；

　　　　V_{max}——使导线振动的上限风速，m/s；

　　　　g_1——导线自重比载，kg/m·mm^2。

按照式（4-28）、式（4-29）作出最大和最小半波长的波形（如图 4-11 所示）。

为了照顾对各种频率的防振作用，防振锤安装在第一个半波长内，并应满足下列关系

$$|\sin\theta_{max}| = |\sin\theta_{min}| \qquad (4-30)$$

式中　θ_{max}——防振锤安装点在最大波长时的相位角，$\theta_{max}<90°$；

　　　　θ_{min}——防振锤安装点在最小波长时的相位角，$\theta_{min}>90°$。

式（4-30）意味着在最大振动波长和最短波长情况下，防振锤安装点对两种情况的波腹点都有相同的接近程度。而对其它振动频率，上述安装点对波腹点的接近程度比两种极端情况将更好一些。

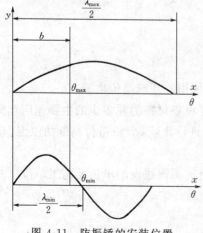

图 4-11 防振锤的安装位置

根据式（4-30）的原则，参阅图 4-11 不难得出防振锤安装距 b 的计算公式。

$$\theta_{max} = \frac{b}{\lambda_{max}}2\pi \qquad (4-31)$$

$$\theta_{min} = \frac{b}{\lambda_{min}}2\pi \qquad (4-32)$$

$$\theta_{max} = \pi - \theta_{min} \qquad (4-33)$$

得

$$\pi - \frac{2b\pi}{\lambda_{min}} = \frac{2b\pi}{\lambda_{max}}$$

$$b = \frac{\frac{1}{2}\lambda_{max}\lambda_{min}}{\lambda_{max} + \lambda_{min}} = \frac{\frac{\lambda_{max}}{2} \times \frac{\lambda_{min}}{2}}{\frac{\lambda_{max}}{2} + \frac{\lambda_{min}}{2}} \qquad (4-34)$$

式中 $\dfrac{\lambda_{max}}{2}$、$\dfrac{\lambda_{min}}{2}$——导线振动半波长的上下限。

把式（4-28）、式（4-29）代入式（4-34）得

$$b = \frac{7.83\dfrac{d}{V_{max}}\sqrt{\dfrac{\sigma_{min}}{g_1}}}{1+\dfrac{V_{min}}{V_{max}}\sqrt{\dfrac{\sigma_{min}}{\sigma_{max}}}}\times 10^{-3}(m) \tag{4-35}$$

一般线路高度为 20m 左右时，$V_{min}=0.5m/s$，并可取 $V_{max}=4.5m/s$，将该值代入式（4-35），得

$$b = \frac{1.74d\sqrt{\dfrac{\sigma_{min}}{g_1}}}{1+\dfrac{1}{9}\sqrt{\dfrac{\sigma_{min}}{\sigma_{max}}}}\times 10^{-3}(m) \tag{4-36}$$

2）多个防振锤的安装距离：

多个防振锤通常采用等距离安装法。第一个的安装距离为 b，第二个为 $2b$，第三个为 $3b$，……。第一个仍装在第一个半波长内，按上述的公式算出安装距离 b。这样第 2 个或第 3 个可能位于某些波的波节点，不会产生上、下甩动，但仍有回转甩动，还能起到一定的减振作用。

第四节　工　程　概　算

一、概算依据

（1）工程概况。包括线路起迄点、路径长度、回路数、电压等级、沿线地形、地貌、地质、水文、交通运输等情况，采用导线、避雷线型式及数量，绝缘子串和金具的形式及数量，大跨越设计及有关特殊情况。

（2）工程投资及概算指标。说明工程概算的总投资和平均每公里综合造价。本体工程的总投资和平均每公里本体造价。

（3）编制依据：

1）初步设计及审核意见。

2）有关各项概、预算的规定。

3）有关单位提供的概算资料，生产厂家提供工程使用的新产品价格等。

（4）技术经济分析。要分析工程的特点和各项工程设备材料消耗多少的主要原因和同类工程每公里综合造价、本体造价及工程分项造价情况进行比较，分析造价高低的原因。说明造价指标是否合理及存在的问题，提出解决的办法。

（5）建设单位及其它说明。在编制概算中最说明负责工程建设的单位及施工单位以及其它该说明的问题及事项。

二、概算内容

编制概算主要是按规定的统一表格形式填写各项数据。

（1）总概算表。包括线路本体工程、辅助设施工程、其它工程、法定利润、预留费用等的各项安装及总的工程费，各项占总计的百分数，各项及总的单位每公里造价。

（2）本体工程总概算表。包括工地运输、土方工程、杆塔工程、基础工程、绝缘子及金具、架线工程、接地工程等的分项和总的安装工程费、施工管理费、直接费、装置性材料费、每公里工程造价及分项占总造价的百分数。

（3）本体工程概算表：

1）工地运输、土（石）方工程、杆塔工程、基础工程、绝缘子串及金具、架线工程、接地工程等各项内容的单位数量、安装单价费及其工资、安装合价费及其工资等。

2）基础工程、杆塔工程、绝缘子及金具、架线工程、接地工程等的装置性材料数量及价值表。

3）工地运输材料重量、单位重量及总重量表。

4）土（石）方工程包括各种基础数量，每基材料的体积及合计数量，并按不同土质进行分类表。

5）工地运输量计算表。

（4）辅助设施概算表。包括巡线站、检修站工程费；巡线、检修道路工程费；通信保护工程费；设备购置及安装费。

（5）其它费用概算表。包括生产准备费；建设场地准备费；施工辅助费；技术装备及劳动保护费及其它费用。

习 题

4-1 初勘测量在什么阶段进行，其主要任务是什么？

4-2 什么叫做杆塔的呼称高？

4-3 标准塔高指的是什么？

4-4 什么是模板曲线？

4-5 用模板曲线在平面图上定位需要考虑哪些因素？

4-6 导线振动的原因是什么？

4-7 导线的防振措施有哪些？

4-8 工程概算的主要内容有哪些？

第五章 杆 塔 校 验

用模板在平断面图上确定杆位，杆型时，可保证导线对地距离的要求；但对某些杆位和杆型还不能确定电气和机械强度方面是否能满足要求。因此，必须对某些杆塔进行电气和机械强度方面的校验。这些校验项目有的直接影响杆位和杆型的确定，故应与定杆位时一起进行。为了提高设计效率，保证设计质量，一般应预先制作一些常用的校验图表和曲线，以便对所确定的杆位和杆型进行校验。

第一节 杆 塔 倒 拔 校 验

一、水平档距和垂直档距

杆塔荷载的主要部分是导线和避雷线作用在杆塔上的荷载。杆塔支撑着两侧相邻档的导线和避雷线，为了计算每基杆塔承受多长距离导线和避雷线的荷载，首先要了解水平档距和垂直档距的概念。

1. 水平档距 l_h

如图 5-1 所示，杆塔 A，导线或避雷线作用在杆塔 A 上的水平荷载为 P_h，设荷载沿悬挂点连线均匀分布，根据力学平衡条件可知

$$P_h = \frac{g_h S}{2}\left(\frac{l_1}{\cos\varphi_1} + \frac{l_2}{\cos\varphi_2}\right) = l_h g_h S \quad (5\text{-}1)$$

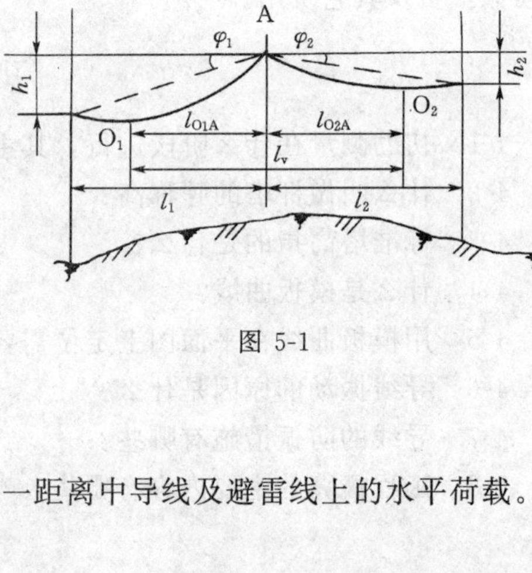

图 5-1

式中　g_h——导线水平比载；

　　　S——导线截面；

　l_1、l_2——杆塔 A 两侧邻档的档距；

　φ_1、φ_2——杆塔 A 相邻档的高差角；

　l_h——水平档距，其含义是杆塔 A 承受这一距离中导线及避雷线上的水平荷载。

当高差角较小时，即悬挂点接近等高时，则

$$l_h = \frac{1}{2}\left(\frac{l_1}{\cos\varphi_1} + \frac{l_2}{\cos\varphi_2}\right) \approx \frac{1}{2}(l_1 + l_2) \quad (5\text{-}2)$$

2. 垂直档距 l_v

杆塔 A 两侧档距中，导线或避雷线最低点 O_1、O_2 间导线或避雷线上的垂直荷载均作用于杆塔 A。则杆塔 A 承受的垂直荷载为

$$P_v = g_v S\left(\frac{l_{O1A}}{\cos\varphi_1} + \frac{l_{O2A}}{\cos\varphi_2}\right) = g_v S l_v \quad (5\text{-}3)$$

式中　l_{O1A}、l_{O2A}——杆塔两侧导线最低点到该杆塔导线悬挂点的水平距离；

　　　　g_v——导线的垂直比载；

l_v——垂直档距。

若导线或避雷线作用于杆塔 A 的垂直荷载在数值上等于某长度导线或避雷线的垂直荷载，则该长度即为垂直档距。

当悬挂点不等高时，一档导线内最低点到悬挂点的水平距离为

$$l_{O1A} = \frac{l_1}{2} \pm \frac{\sigma_{01}h_1\cos\varphi_1}{g_v l_1} \tag{5-4}$$

$$l_{O2A} = \frac{l_2}{2} \pm \frac{\sigma_{02}h_1\cos\varphi_2}{g_v l_2} \tag{5-5}$$

由式（5-4）、式（5-5）可得垂直档距 l_v 的计算公式如下

$$l_v = \frac{l_{O1A}}{\cos\varphi_1} + \frac{l_{O2A}}{\cos\varphi_2} = l_{v1} + l_{v2} = \frac{1}{2}\left(\frac{l_1}{\cos\varphi_1} + \frac{l_2}{\cos\varphi_2}\right) \pm \frac{\sigma_{10}h_1}{g_v l_1} \pm \frac{\sigma_{20}h_2}{g_v l_2}$$

$$= l_h \pm \frac{\sigma_{10}h_1}{g_v l_1} \pm \frac{\sigma_{20}h_2}{g_v l_2} \tag{5-6}$$

式中　l_{v1}、l_{v2}——杆塔单侧的垂直档距；

σ_{10}、σ_{20}——杆塔相邻档导线水平应力；

h_1、h_2——杆塔相邻档悬挂点高差，相邻杆塔悬挂点低时取正号，反之取负号。

当杆塔为直线杆塔时，两侧水平应力相等，即 $\sigma_{10} = \sigma_{20} = \sigma_0$ 则

$$l_v = \frac{l}{2}\left(\frac{l_1}{\cos\varphi_1} + \frac{l_2}{\cos\varphi_2}\right) + \frac{\sigma_0}{g}\left(\pm\frac{h_1}{l_2} \pm \frac{h_2}{l_2}\right) = l_h + \frac{\sigma_0}{g}\left(\pm\frac{h_1}{l_1} \pm \frac{h_2}{l_2}\right) \tag{5-7}$$

当高差角较小时，近似地认为垂直档距等于杆塔两侧导线最低点间的水平距离。

二、直线杆塔导线的倒拔校验

对相邻杆塔高差很大的直线杆，在最不利的气象条件下，可能使杆塔一侧或两侧导线最低点位于档距之外起，导线的垂直档距出现负值，即 $l_v < 0$，说明导线作用于杆塔的垂直荷载 $P_v = gSl_v$ 也变为负值，此时作用于杆塔上的垂直荷载是方向向上的倒拔力。一般用最低温度作为杆塔倒拔的校验条件。在该条件下杆塔不倒拔，便不会有倒拔现象。校验方法如下：

1. 用"冷板"校验

同绘制最大弧垂直模板的方法一样，绘制出最低温度状态的悬垂曲线模板，俗称冷板。

把冷板曲线在纵断面图上放正（使其纵轴保持为铅垂位置），使冷板曲线恰恰通过被校验杆塔两侧相邻杆塔上导线的悬挂点，被校验杆塔的导线悬挂点若在冷板曲线上方，杆塔不倒拔。反之，则倒拔，如图 5-2 所示。

2. 导线倒拔临界曲线及倒拔校验

设 m 状态为校验模板状态，即最大弧垂状态（最低温度）：n 状态为定位模板状态，即最大弧垂状态。

则 m 状态时垂直档距为

$$l_{vm} = \frac{\sigma_m}{g_m}\left(\pm\frac{h_1}{l_1} \pm \frac{h_2}{l_2}\right) + l_h \tag{5-8}$$

n 状态时垂直档距为

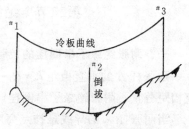

图 5-2　冷板曲线校验倒拔

$$l_{vn} = \frac{\sigma_n}{g_n}\left(\pm\frac{h_1}{l_1} \pm \frac{h_2}{l_2}\right) + l_h \qquad (5\text{-}9)$$

由式（5-8）和式（5-9）可得两种不同气象条件的导线垂直档距换算式为

$$l_{vn} = \frac{\sigma_n g_m}{g_n \sigma_m}(l_{vm} - l_h) + l_h \qquad (5\text{-}10)$$

当 $l_{vm} < 0$ 时，导线对杆塔产生倒拔力，因此导线处于倒拔的临界状态是 $l_{vm} = 0$，将此结论代入式（5-10）中，可得

$$l_{vn} = \left(1 - \frac{\sigma_n g_m}{g_n \sigma_m}\right) l_h \qquad (5\text{-}11)$$

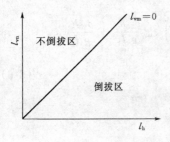

图 5-3　导线倒拔临界曲线

对于某一耐张段的代表档距而言，其导线的 g_m、σ_m 及 g_n、σ_n 均为已知数，以 l_h 为横坐标、l_{vn} 为纵坐标可绘制出杆塔倒拔的临界曲线，如图 5-3 所示。图中临界曲线上半部为不倒拔区，下半部为倒拔区。

利用临界曲线图校验导线是否倒拔的方法如下：

（1）根据被校验杆塔所处的耐张段的代表档距，选取一条临界曲线，该曲线的上方区域为安全区（即不倒拔区），曲线下方为非安全区（即倒拔区）。

（2）将被校验杆塔的水平档距 l_h 和垂直档距 l_v 标在校验曲线平面图上。若该点落在安全区，则表示导线不倒拔，若该点落在非安全区，则表示导线倒拔，若落在临界曲线上，则表示临界状态。

（3）若该点落在倒拔区时，设该点到临界曲线的垂直距离为 Δl_{vn}，则最低温度时导线的倒拔力为

$$W = g_n S \Delta l_{vn} \qquad (5\text{-}12)$$

式中　W——导线倒拔力或为抵偿倒拔力而安装的重锤的重量；

　　　S——导线的截面；

　　　g_n——导线最大弧垂时的比载。

在倒拔的情况下，当导线的倒拔力较大，直线杆塔绝缘子串会被导线提升起来或针式绝缘子瓷件被拉脱；同时使相邻杆塔的垂直档位增加，荷载增加。此时，需要安装重锤以平衡倒把力。若所需要安装的重锤过重，杆塔结构不允许时，可调整杆位或将直线杆塔改为耐张杆塔。

第二节　绝缘子串倒挂校验及机械强度校验

一、耐张绝缘子串倒挂的校验

耐张杆 A 的垂直档距 $l_v = l_{v1} + l_{v2}$，其中 l_{v1} 和 l_{v2} 分别为耐张杆 A 的右侧和左侧档距的垂直档距分量。耐张绝缘子串倒挂计算图形如图 5-4 所示。

当耐张杆 A 的导线悬挂点高度低于相邻杆的导线悬挂点高度时，则耐张杆的该侧档距的导线垂直档距分量为

$$l_{v1} = \frac{l_{O1A}}{\cos\varphi} = \frac{L_1}{2\cos\varphi} - m_1 = \frac{l_1}{2\cos\varphi} - \frac{\sigma h_1}{g l_1} \qquad (5\text{-}13)$$

若悬挂点高差 h_1 过大，将使耐张杆 A 的垂直档距分量 l_{v1} 为负值，这时该侧导线对耐张杆 A 的拉力具有倒拔力，如图 5-4 所示。当倒拔力大于一侧耐张绝缘子串的重量时，耐张绝缘子串将处于向上翘的状态，从而将引起绝缘子瓷裙积水污秽，降低绝缘强度。遇到这种情况为防积水，往往将耐张绝缘子串倒挂处理。

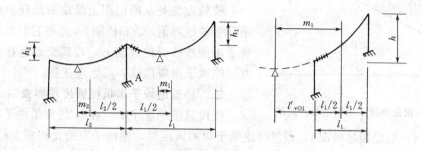

图 5-4　耐张绝缘子串倒挂计算图形

判别耐张绝缘子串倒挂的临界条件，取年平均运行应力气象条件下（即年平均气温条件）。因为校验耐张绝缘子串是否倒拔，也是在最大弧垂定位模板的条件下进行的，故将年平均气温条件下的垂直档距分量设为 m 状态，即

$$l_{vm1} = \frac{l_1}{2\cos\varphi} - \frac{\sigma_1}{g_1} \times \frac{h_1}{l_1} \qquad (5\text{-}14)$$

最大弧垂定位模板条件下的垂直档距分量设为 n 状态，即

$$l_{vn1} = \frac{l_1}{2\cos\varphi} - \frac{\sigma_0}{g_0} \times \frac{h_1}{l_1} \qquad (5\text{-}15)$$

由式（5-14）和式（5-15）可得导线在两种气象条件下垂直档距分量换算式为

$$l_{vn1} = \frac{l_1}{2\cos\varphi} - \frac{\sigma_0}{g_0} \times \frac{g_1}{\sigma_1}\left(\frac{l_1}{2\cos\varphi} - l_{vm1}\right) \qquad (5\text{-}16)$$

式中　σ_0，g_0——最大弧垂条件下的导线应力和比载；

σ_1，g_1——年平均气温条件下的导线应力和比载；

l_1——为一侧的档距；

φ——为一侧的高差角。

若取年平均运行应力气象条件下杆塔一侧导线的垂直荷载等于耐张绝缘子串的重量 G_j，即

$$l_{vm1}g_1 S = -G_j \quad \text{或} \quad l_{vm1} = -\frac{G_j}{g_1 S}$$

将 $l_{vm1} = -\dfrac{G_j}{g_1 S}$ 代入式（5-16），可求得定位条件下的耐张绝缘子串倒挂临界垂直档距分量为

$$l_{vn1} = \frac{l_1}{2\cos\varphi} - \frac{\sigma_0 g_1}{g_0 \sigma_1}\left(\frac{l_1}{2\cos\varphi} + \frac{G_j}{g_1 S}\right) \qquad (5\text{-}17)$$

l_{vn1} 是在定位条件下，耐张绝缘子串处于倒挂临界状态时的垂直档距分量。在工程设计中，一般只在定位模板曲线上发现耐张杆某一侧的垂直档距分量为负值时，才校验耐张绝缘子串

是否倒挂。

令 $l'_{vn1} = -l_{vn1}$，代入式（5-17）得

$$l'_{vn1} = \frac{g_1\sigma_0}{g_0\sigma_1}\left(\frac{l_1}{2\cos\varphi} + \frac{G_j}{g_1 S}\right) - \frac{l_1}{2\cos\varphi} \tag{5-18}$$

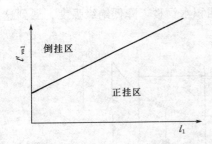

图 5-5 耐张绝缘子串倒挂临界曲线

依式（5-18），即可计算并绘制出一条耐张绝缘子串的倒挂临界曲线，如图 5-5 所示。

校验方法是从断面图上量取耐张杆负值垂直档距分量的绝对值 l'_{vn1} 和档距 l_1，并将它们标在耐张绝缘子串倒挂临界曲线图上，若其交点落在曲线的上方则绝缘子串应倒挂，反之应正挂。

二、悬垂绝缘子串机械强度临界曲线

假设悬垂绝缘子串，在 m 气象条件下承受最大垂直荷载（一般是覆冰情况），当忽略绝缘子串的风压时，绝缘子串的允许垂直档距 l_{vm} 为

$$l_{vm} = \frac{T - G_{jm}}{g_m S} \tag{5-19}$$

式中　T——绝缘子串的最大允许垂直荷载；

　　　G_{jm}——m 气象条件下，绝缘子串的自重；

　　　g_m——m 气象条件下，导线的综合比载；

　　　S——导线的截面积。

把 m 气象条件下允许的垂直档距 l_{vm} 换算为定位模板气象条件 n 状态时，则定位模板气象条件下的允许垂直档距 l_{vn} 为

$$l_{vn} = \frac{\sigma_n g_m}{g_n \sigma_m}\left(\frac{T - G_{jm}}{g_m S} - l_h\right) + l_h \tag{5-20}$$

式中　σ_n，g_n——定位气象条件下的导线应力、比载；

　　　σ_m，g_m——m 气象条件下的（最大比载）导线应力、比载。

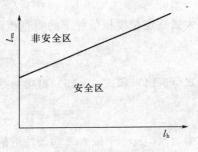

图 5-6 悬垂绝缘子串机械强度临界曲线

依式（5-20）可得悬垂绝缘子串机械强度临界曲线，如图 5-6 所示，即 l_h 与 l_{vn} 的关系曲线。临界曲线上方为非安全区，下方为安全区。

第三节 悬垂绝缘子串摇摆角的确定

当导线和绝缘子串受风压作用时，悬垂绝缘子串将发生摇摆，其偏斜的角度称为摇摆角，如图 5-7 所示。

一、最大允许摇摆角的确定

当已知直线杆塔的头部尺寸和绝缘子串的长度时，可按一定的比例尺，用正面间隙圆图来检查空气间隙。若要确定导线最大允许摇摆角，根据绝缘配合的原则，间隙圆与杆塔构件只能相切不得相交，有时还应留出间隙裕度 δ。在正常大风、内过电压、外过电压三种

情况下的带电部分与杆塔构件的最小空气间隙有不同的规定值，见表 5-1。

表 5-1　　　　　　　带电部分与杆塔构件的最小间隙（m）

验算时的计算条件	线 路 电 压 （kV）								
	35	60	110 接地	110 不接地	154	220	330	500	
								海拔 500m 以下	海 拔 500～1000m
运行电压	0.10	0.20	0.25	0.40	0.55	0.55	1.00	1.15	1.25
内过电压	0.25	0.50	0.70	0.80	1.10	1.45	2.20	2.50	2.70
外过电压	0.45	0.65	1.00		1.40	1.90	2.60	3.70	3.7*

* 该栏数据对应于统计操作过电压倍数 $K_0 = 2.0$。

可根据表 5-1 用作图法求出不同情况下的最大允许摇摆角 φ_{y1}、φ_{y2}、φ_{y3}，如图 5-7 所示。

1. 正常大风情况下最大允许摇摆角的确定

此时最大允许摇摆角应满足靠近横担的第一片绝缘子不得碰触横担的要求。

$$\varphi_{y1} = \arccos\left(\frac{R_1 + \delta}{\lambda}\right) \tag{5-21}$$

式中　R_1——正常大风时的最小空气间隙；

　　　δ——间隙裕度；

　　　λ——绝缘子串的长度。

2. 内过电压下最大允许摇摆角的确定

此时应根据绝缘子串的最大水平偏移 B_2 来确定。

$$B_2 = l - \left(\frac{d}{2} + \delta + R_2\right)$$

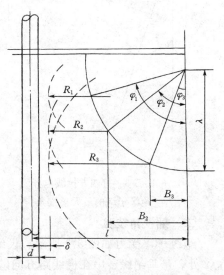

图 5-7　最大允许摇摆角

则　　　　　　$$\varphi_{y2} = \arcsin\frac{B_2}{\lambda} \tag{5-22}$$

式中　R_2——内过电压时的最小空气间隙；

　　　d——电杆直径；

　　　l——横担长度；

　　　B_2——内过电压时最大水平偏移。

3. 外过电压下最大允许摇摆角的确定

$$B_3 = l - \left(\frac{d}{2} + \delta + R_3\right)$$

则　　　　　　$$\varphi_{y3} = \arcsin\frac{B_3}{\lambda} \tag{5-23}$$

式中　R_3——外过电压时的最小空气间隙；

　　　B_3——外过电压时最大水平偏移。

【例 5-1】 如图 5-8 所示，某一直线杆，打四方拉线，试求外过电压时绝缘子串的最大允许摇摆角。

解 可按作图法求得，其作图步骤如下：

（1）拉线在杆塔平面的投影线 AE；

（2）A′E′线平行 AE，且平行线的间距为 $R_3+\delta$；

（3）以悬垂绝缘子串悬挂点 O 为圆心，λ 为半径作圆弧与 A′E′相交于 F 点，连接 OF，则 OF 过 O 点与垂线的夹角 φ_{y3}，即为外过电压下绝缘子串的最大允许摇摆角。

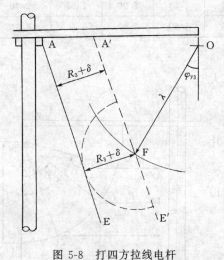

图 5-8 打四方拉线电杆
绝缘子串的最大摇摆角

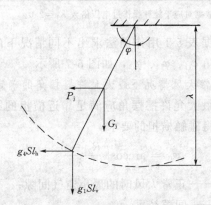

图 5-9 悬垂绝缘子串受力图

二、摇摆角校验

绝缘子串受力如图 5-9 所示。设绝缘子串的自重 G_j 和其风压 P_j 集中在绝缘子串中央 $\lambda/2$ 处。悬垂绝缘子串在横线路方向的风偏摇摆角用下式计算

$$\mathrm{tg}\varphi = \frac{P_j/2 + g_4Sl_h}{G_j/2 + g_1Sl_v} \tag{5-24}$$

式中　l_v——校验条件下的垂直档距；

　　　l_h——校验条件下的水平档距；

　　　S——导线的截面积；

　　　g_1——导线的垂直比载；

　　　g_4——导线的风压比载。

在选定杆塔后，根据塔头尺寸、绝缘子串长度和最小空气间隙及其它条件可以确定最大允许的摇摆角 φ_{y1}、φ_{y2}、φ_{y3}。其校验原则是：实际运行中产生的摇摆角应小于允许摇摆角。即

$$\varphi \leqslant \varphi_{yi} \tag{5-25}$$

式中　φ——实际摇摆角。

在工程设计中，杆塔及塔头的尺寸确定后往往采用摇摆临界曲线进行校验。令运行中的最大摇摆角等于最大允许摇摆角度 $\varphi=\varphi_{yi}$，代入式（5-24）得 m 状态下的垂直档距为：

$$l_{vm} = \frac{1}{g_1S}\left[\frac{P_j + 2g_4Sl_h - G_j\mathrm{tg}\varphi_{yi}}{2\mathrm{tg}\varphi_{yi}}\right] \tag{5-26}$$

78

把 m 状态下的垂直档距，换算为定位模板 n 状态下的垂直档距为

$$l_{vn} = \frac{\sigma_n}{g_n S \sigma_m} \left[\frac{P_j - G_j \text{tg}\varphi_{yi}}{2\text{tg}\varphi_{yi}} + \left(\frac{g_4 S}{\text{tg}\varphi_{yi}} + \frac{\sigma_m g_n S}{\sigma_n} - g_1 S \right) l_h \right] \quad (5\text{-}27)$$

式中　g_n、σ_n——最大弧垂定位模板条件下的导线比载和应力；

$\quad\quad g_1$、σ_m——m 状态下校验条件下的导线比载和应力；

$\quad\quad\quad l_{vn}$——定位条件下的垂直档距；

$\quad\quad\quad l_h$——定位条件下的水平档距。

上式即为定位条件下的绝缘子串摇摆角临界曲线计算式。

当已知运行电压（最大风情况）、内过电压、外过电压情况的绝缘子串最大允许摇摆角 φ_{yi} 后，将不同的 φ_{yi} 角和 l_n 代入式（5-27）就可以求出三条斜率不同、截距不同的直线。三条直线相交后的上包线叫做摇摆角临界曲线，如图 5-10 所示。曲线的上方为安全区，下方为非安全区，校验杆塔绝缘子串摇摆角的方法是：从杆塔排定的断面图上量出被校验杆塔的垂直档距 l_{vn} 和

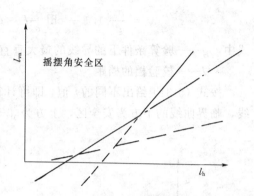

图 5-10　绝缘子串摇摆角临界曲线

水平档距 l_h，然后把 l_{vn} 和 l_h 标在临界曲线图上，其交点落在曲线的上部则摇摆角合格，否则不合格。

第四节　导线悬点应力及交叉跨越校验

一、导线悬点应力校验

根据设计规程的规定，导线在悬挂点处的应力可较弧垂最低点的应力高 10%，因此，对高差较大和档距很大的杆塔，必须校验导线悬挂点处的应力是否超过规定的允许值。

设导线弧垂最低点的应力为 σ_0，导线悬挂点的最大应力为 σ_A 或 σ_B，如图 5-11 所示。则 $\dfrac{\sigma_A}{\sigma_B} = 1.1$。

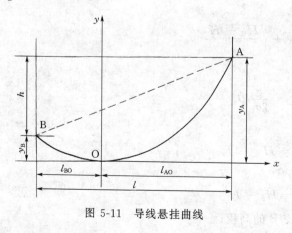

图 5-11　导线悬挂曲线

由悬链线曲线方程可得

$$\sigma_A = \sigma_0 \text{ch}\left(\frac{g}{\sigma_0} l_{A0} \right)$$

则

$$\frac{\sigma_A}{\sigma_0} = \text{ch}\left(\frac{g}{\sigma_0} l_{A0} \right) = 1.1$$

$$l_{A0} = \frac{\sigma_0}{g} \text{ch}^{-1}(1.1) \quad (5\text{-}28)$$

由导线悬链线曲线方程可知

$$y_A = \frac{\sigma_0}{g} \text{ch} \frac{g}{\sigma_0} l_{A0} - \frac{\sigma_0}{g} \quad (5\text{-}29)$$

$$y_B = \frac{\sigma_0}{g} \text{ch} \frac{g}{\sigma_0} l_{B0} - \frac{\sigma_0}{g} \quad (5\text{-}30)$$

根据几何关系，悬挂点高差 h 等于

$$h = y_A - y_B = \left[\frac{\sigma_0}{g} \mathrm{ch} \frac{g}{\sigma_0} l_{A0} - \frac{\sigma_0}{g} \right] - \left[\frac{\sigma_0}{g} \mathrm{ch} \frac{g}{\sigma_0} l_{B0} - \frac{\sigma_0}{g} \right]$$

$$= \frac{\sigma_0}{g} \mathrm{ch} \frac{g}{\sigma_0} l_{A0} - \frac{\sigma_0}{g} \mathrm{ch} \frac{g}{\sigma_0} (l - l_{A0})$$

$$= \frac{\sigma_0}{g} \left\{ 1.1 - \mathrm{ch} \left[\frac{g}{\sigma_0} l - \frac{g}{\sigma_0} \cdot \frac{\sigma_0}{g} \mathrm{ch}^{-1}(1.1) \right] \right\}$$

$$= \frac{\sigma_0}{g} \left\{ 1.1 - \mathrm{ch} \left[\frac{g}{\sigma_0} l - \mathrm{ch}^{-1}(1.1) \right] \right\} \tag{5-31}$$

式中　g——验算条件下的导线的最大垂直比载；

l——校验档的档距。

按式（5-31）给出不同的 l 值，即可计算出相应的 h 值，将其绘制成悬挂点应力临界曲线，临界曲线的下方为安全区，上方为非安全区，如图 5-12 所示。

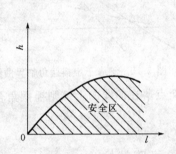

图 5-12　导线悬挂点应力临界曲线

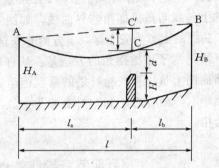

图 5-13　交叉跨越距离校验

二、交叉跨越校验

输电线路与电信线、电力线等交叉跨越时，应校验在正常运行情况下，导线最大弧垂时与它们的距离应满足规程的规定。用模板曲线排定杆位后，可以从断面图上直接量得导线对被跨越物的距离。当量得的距离与规定值很接近时，为了准确起见，可用计算的方法来校验。如图 5-13 所示。其计算方法如下：

（1）计算 C' 点的高程为

$$H'_c = H_A + \left(\frac{H_B - H_A}{l} \right) l_a$$

（2）C' 点处导线的弧垂 f_c 为

$$f_c = \frac{g}{2\sigma_0} l_a l_b$$

（3）C 点的高程为

$$H_c = H'_c - f_c$$

（4）交叉跨越距离为

$$d = H_c - H$$

上述各式中　H_A、H_B——导线悬挂点 A、B 的高程；

80

l_a、l_b——跨越点至两侧杆塔的水平距离；

g——导线最大弧垂时的自重比载；

σ_0——导线最大弧垂时的应力；

H——被跨越物的高程。

第五节 杆 塔 基 础 校 验

所谓杆塔基础是指筑在土壤里的杆塔地下部分的总体。杆塔必须有稳固的基础，以防止杆塔上拔、下沉和倾倒，确保架空线路安全、可靠的运行。

杆塔基础包括有电杆基础和铁塔基础。电杆基础的组成部件有底盘、卡盘和拉线盘。铁塔基础有以下几种类型：混凝土和钢筋混凝土普通浇制基础、预制钢筋混凝土基础、金属基础和灌注式桩基础等。

在送电线路杆塔基础的计算中，土壤大致分粘性土和砂石土两大类。土壤的物理特性及计算参数表见表 5-2。

表 5-2 土壤分类及计算参数表

土壤名称	土壤状态	计算容重 γ (t/m³)	计算上拔角 $\alpha°$	计算抗剪角 $\beta°$	被动土压系数 m (t/m³)	许可耐压力 $[\sigma]$ (kg/cm²)
粘土	坚　硬	1.8	30	45	10.50	3.0
	硬　塑	1.7	25	35	6.26	2.0～2.5
	可　塑	1.6	20	30	4.80	1.5
	软　塑	1.5	10～15	15～22	2.72～3.52	1.0
亚粘土	坚　硬	1.8	27	40	8.28	2.5
	硬　塑	1.7	23	35	6.26	2.0
	可　塑	1.6	19	28	4.43	1.5
	软　塑	1.6	10～15	15～22	2.72～3.52	1.0
亚砂土	坚　硬	1.8	27	40	8.28	2.5
	可　塑	1.7	23	36	6.26	1.5～2.0
大块碎石类	不论夹砂或粘土	2.0	32	40	9.20	3.0～5.0
砾砂粗砂		1.8	30	37	7.20	3.5～4.5
中　砂	不论湿度	1.7	28	35	6.26	2.5～3.5
细　砂		1.6	26	32	5.22	1.5～3.0
微　砂		1.5	22	25	3.69	1.0～2.5

按基础的变力情况，杆塔基础可分为两类：

（1）上拔、下压式基础。该类基础主要承受的荷载为上拔力或下降力，并兼受较小的水平力，如带拉线的电杆基础和分开式铁塔基础则属于此类。

（2）倾覆类基础。

该类基础主要承受倾覆力矩，如无拉线电杆基础、整体式铁塔基础和宽身铁塔的联合基础皆属于此类。

一、基础上拔校验

受上拔力的基础，如阶梯式分开基础、拉线盘等，一般采用开挖基础施工，因基础周围土壤收到破坏，所以计算土抗力时不考虑摩擦阻力，只计算基础本身自重及上拔倒截四棱土锥台的重量，以抵抗上拔力。拉线盘埋入土中，有平放和斜放两种，如图 5-14 所示。

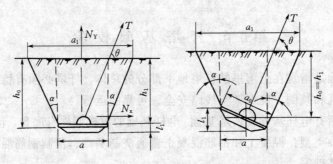

图 5-14

计算拉线盘的极限抗拔力时，假定土锥体各面向盘的外侧倾斜，其与垂线所形成的角度 α 称为上拔角，上拔角的大小随土壤特性而变化。

拉线盘的垂直极限抗拔力须满足上拔稳定条件，即

$$\frac{Q+G}{T\sin\theta} \geq K \tag{5-32}$$

表 5-3	上拔和倾覆基础安全系数	
杆 塔 类 别	按极限土抗力或土重法计算基础	按重力式方法计算基础
直线杆塔	≥1.5	≥1.2
耐张杆塔	≥1.8	≥1.3
转角、终端和大跨越杆塔	≥2.2	≥1.5
钢筋混凝土强度安全系数	≥1.7	
混凝土基础强度安全系数	≥2.7	
拉线强度安全系数	≥2.0	

式中　T——拉线的拉力，t；

Q——拉线盘的自重，t；

G——倒截土锥体重量，t，$G=V_T\gamma$；

V_T——土锥体体积；

γ——土锥体容重；

K——安全系数，参见表 5-3。

倒截土锥台形状如图 5-15 所示，由于上拔角的影响，使拉线盘拔起时的土锥体顶宽为

$$a_1 = a + \alpha h_0 \text{tg}\alpha, \quad b_1 = b + \alpha h_0 \text{tg}\alpha$$

其体积 V_T 可分为四部分计算，即

$$V_T = V_1 + V_2 + V_3 + V_4$$

$$= abh_0 + \frac{h_0}{2}(a_1-a)b + \frac{h_0}{3}(a_1-a)(b_1-b) + \frac{h_0}{2}(b_1-b)a$$

或

$$V_T = \left[abh_0 + (a+b)h_0^2\text{tg}\alpha + \frac{4}{3}h_0^3\text{tg}^2\alpha \right] \tag{5-33}$$

$$G = V_T\gamma \tag{5-34}$$

对于较差的土质，计算上拔角 α 很小时，可采用重力式基础。重力式基础的计算原则是 $\alpha=0$，基础上拔力由基础自重和基础底板上的土重来平衡。

【例 5-2】　试验算某耐张杆拉线盘的上拔稳定。已知土壤资料：其容重 $\gamma=1.8$（t/m³），上拔角 $\alpha=20°$。

解 设已知拉线盘尺寸为 $0.7\mathrm{m}\times 1.4\mathrm{m}\times 0.2\mathrm{m}$，拉线盘自重 $Q=395\mathrm{kg}$，拉线与地面夹角 $\theta=60°$，拉线受力 $T=10500(\mathrm{kg})$，稳定安全系数 $K=1.8$，拉线盘斜放，其埋深 $h_0=h_p=2.6\mathrm{m}$。

因拉线斜放故其短边为 $a=0.7\times\cos 30°=0.605(\mathrm{m})$，而拔起土锥体的短边为 $a_1=a+2h_0\mathrm{tg}\alpha=0.605+2\times 2.6\mathrm{tg}20°=0.605+1.890=2.495(\mathrm{m})$，同理上拔土锥体长边 $b_1=b+2h_0\mathrm{tg}\alpha=1.4+1.89=3.29(\mathrm{m})$。

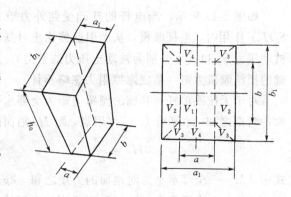

图 5-15

拉线盘体积可用式（5-34）计算，故其重量为

$$G=V\gamma=\frac{h_0}{6}\big[(2a+a_1)b+(2a_1+a)b_1\big]\gamma$$

$$=\frac{2.6}{6}\big[(2\times 0.605+2.495)\times 1.4+(2\times 2.495+0.605)\times 3.29\big]\times 1.6$$

$$=16.35(\mathrm{t})$$

上拔稳定安全系数 $K=\dfrac{G+Q}{T\sin\theta}=\dfrac{16.35+0.395}{10.5\times\sin 60°}=18.4>1.8$ 许可。

二、基础下压校验

受下压力的基础有两种：一种是经常受下压的基础，如转角杆塔内角侧基础和带拉线的直线型而拉长型杆塔基础；另一种是承受反复荷载，既有时基础受倒拔，有时受下压，如无拉线直线型杆塔。

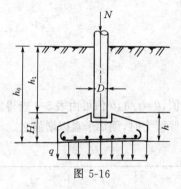

图 5-16

底盘常作为水泥杆承压基础，如图 5-16 所示，由于水泥杆坐在预制的底盘上，杆塔与底盘间无联接，在结构上称它为"简支"，所以在计算上它不承受水平力和弯矩，按中心受压基础计算，底盘底面压应力为

$$\sigma_0=\frac{N+Q+G}{F}<[\sigma]M_1\quad(\mathrm{kPa})\qquad(5\text{-}35)$$

式中　N——垂直下压力，t；

　　　Q——底盘自重，t；

　　　G——底盘上的土重 $G=V_\mathrm{T}\gamma$，t；

　　　F——底盘底面积，m^2；

　　　$[\sigma]$——天然地基许可耐压力，$\mathrm{kg/cm}^2$；

　　　M_1——校正系数，对大块石及砂土取 1.5，对粉砂及粘土取 1.2。

三、基础倾覆校验

电杆的倾覆计算中是假定土壤达到了一个极限平衡状态，即依靠电杆侧面的被动土压力达到平衡。

如图 5-17 所示，当电杆的基础受到外力矩 M （$M=S_0H_0$）作用时，电杆倾覆，从而引起侧面土对基础侧壁的被动压力 x_1 和 x_2（分别为被动土压力的合力），形成对基础的抵抗倾覆力矩（基底摩擦阻力忽略不计）。

对于无拉线单杆，基础的倾覆力矩为全部水平力对地面的弯矩之和。水平合力 S_0 作用点，距 H_0 地面的高度为

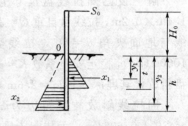

图 5-17　电杆基础的抵抗倾覆力矩

$$H_0 = \frac{M}{S_0} \tag{5-36}$$

式中　　M——全部水平力对地面的力矩之和，$kg \cdot m$；

　　　　S_0——水平合力，kg，等于作用于电杆的所有水平力之和；

　　　　H_0——合力作用点距地面的高度，m。

不带卡盘的电杆基础埋深确定后，基础的极限倾覆力矩 M_j 和抗倾覆力 P_j 应满足下式

$$M_j = \frac{mbh^3}{\mu} \geqslant KS_0H_0 \tag{5-37}$$

若合力作用点高度 H_0 与埋深 h 之比为 $\eta = \frac{H_0}{h}$，则基础的极限倾覆力 P_j 等于

$$P_j = \frac{M_j}{H_0} = \frac{mbh^2}{\mu\eta} \tag{5-38}$$

式中　　M——杆塔承受的极限倾覆力矩，kJ；

　　　　h——杆塔埋入深度，m；

　　　　b——基础的计算宽度，m；

　　　　m——土壤的被动土压系数，见表 5-2；

　　　　μ——系数，$\mu = \frac{3}{1-2\theta^3}$，见表 5-4；

　　　　θ——基础上部被动土压应力图形高度 t 与埋深 h 之比值，$\theta = t/h$，θ 值可由表 5-4 查得。

当电杆基础本身所受土壤的极限抗倾覆力不足以抵抗外部倾覆力时，须加卡盘以增强之。

表 5-4　　　　　　　　　　　　　η、θ、μ 值表

η	θ	μ	$\eta\mu$	η	θ	μ	$\eta\mu$
0.1	0.784	82.9	8.3	5.00	0.720	11.81	59.05
0.25	0.774	41.3	10.4	6.00	0.718	11.6	69.9
0.5	0.761	25.3	12.7	7.00	0.716	11.3	79.0
1.00	0.746	17.7	17.7	8.00	0.715	11.3	89.2
2.00	0.732	14.1	28.12	9.00	0.714	11.03	99.3
3.00	0.725	12.6	37.83	10.00	0.713	10.91	109.1
4.00	0.722	12.13	48.52				

习　　题

5-1　为什么要对杆塔进行电气和机械强度方面的校验？

5-2　直线杆塔导线倒拔校验的方法是什么？

5-3　什么叫悬垂绝缘子串的摇摆角？

5-4　什么叫杆塔基础？对杆塔基础的要求是什么？

第六章　架空线路对通信线路的影响和保护

第一节　概　　述

由于送电线路的交变电磁场作用，在通信线路上会产生危险电磁感应影响。这种危险影响可能在下列几种情况下产生：

（1）在中性点直接接地的系统中，送电线路发生单相接地时；

（2）在中性点不直接接地的输电系统中，送电线路有两相在不同地点发生同时接地故障时；

（3）中性点不直接接地送电线路中，发生单相接地时。

上述三种产生危险影响的原因，又分为两类：前两种统称为电磁危险影响，而第三种情况是由于静电感应造成的，称为静电危险影响。

上述三种影响随送电线路与通信线路的相对位置、接近长度、接近距离及通信种类不同而异。有时可高达数千伏，严重影响了通信设备及其操作人员的安全，因此必须予以重视。

第二节　有关名词定义

一、危险影响

通信线路遭受架空线路感应而产生的电压和电流足以危害通信运行及维护人员的生命安全，损坏线路机器和仪器，引起房屋的火灾，以及造成铁路信号设备的误动作等影响。

二、干扰影响

电信线路遭受送电线路的感应而产生的电压和电流足以引起破坏信号装置的正常运行，即在电话回路中引起杂音、降低传输质量，使电报线路失真等影响。

三、接近

如电力线路对其临近通信线路产生危险影响和干扰影响。此时，线路的相对位置称为接近。两线路接近距离变化不超过其算术平均值的 5％时，称为平行接近，如图 6-1 所示。在丘陵地带或山区如电力线路与通信线路高差超过 30°时，如图 6-2 所示。其线路在接近段内，如接近距离均匀增加或减少时，称为斜接近。

在斜接近段内，通信线路在电力线路上的投影称为斜接近长度，如图 6-3 所示。

斜接近段线路接近距离，以等效距离 a 代替。

四、交叉跨越

如计算交叉跨越接近段的影响，则以距电力线路 50m 的两点作为交叉跨越段的界线，如图 6-4 所示。

如不计交叉跨越接近段的影响，则以交叉跨越 10m 的两点作为交叉跨越段的界限，如图 6-5 所示。

当在交叉跨越接近段内，如有一段路急剧改变方向，则以线路改变方向一点作为交叉

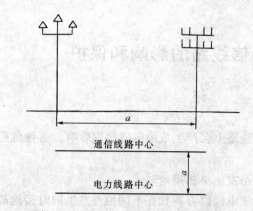

图 6-1 电力线路与通信线路的平行接近

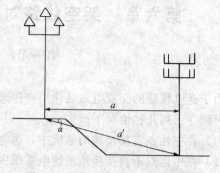

图 6-2 山区和丘陵地带接近距离

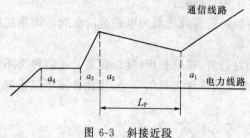

图 6-3 斜接近段

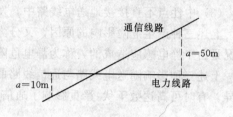

图 6-4 计算交叉跨越影响的交越界限

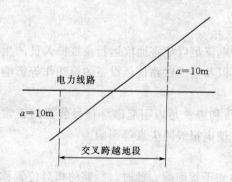

图 6-5 不计算交叉跨越接近段
影响的交越界限

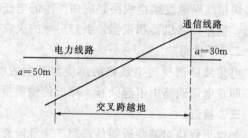

图 6-6 交叉跨越界限

跨越的界线, 如图 6-6 所示。

表 6-1 电力线路与通信线路之间垂直距离

电力线路额定电压（kV）	垂直距离	
	电力线路有防雷保护	电力线路无防雷保护
10	2	4
35～110	3	5

此外, 在交叉跨越时, 其交叉角应符合"设计规程"第 100 条规定：

通信线路等级	交叉角度
Ⅰ	≥45°
Ⅱ	≥30°
Ⅲ	不作规定

在最大弧垂时电力线路与通信线路之垂直距离应符合"设计规程", 见表 6-1。

五、磁感应纵电动势

送电线路上的电流在通信线路上任意两点间感应的电势差，称为磁感应纵电动势，简称纵电动势。

六、磁感应对地电压

送电线路上的电流在通信线路上感应的任意一点对地电位，称为磁感应对地电压，简称对地电压。

第三节　电力线路对电信线路的危险影响

一、磁危险影响

架空线路在正常运行时，由于三相平衡（即 $\dot{I}_a + \dot{I}_b + \dot{I}_c = 0$）所以对周围的通信线路不应当有什么影响。在中性点接地的系统中，当线路发生单相短路或两相短路接地时，由于磁场的剧烈变化，会在附近的通信线路上产生较高的纵电势，对中性点不直接接地的三相电力线路，发生两相不同地点接地故障时，对通信线路亦会引起较高的纵电动势，其计算公式如下

$$E = \sum_{i=1}^{n} \omega M_i I_{si} L_{pi} K_{mi} \quad (V) \tag{6-1}$$

式中　ω——影响电流角频率，$\omega = 2\pi f$，rad/s，$f = 50Hz$；

I_{si}——第 i 段的影响电流，A；

L_{pi}——第 i 段接近长度，km；

K_{mi}——第 i 段综合屏蔽系数，对一般通信线路 $K = 0.7$，对电缆线路半自动自动闭塞信号线 $K = 0.85$；

M_i——第 i 段送电线路和通信线路之间在 50Hz 时的互感系数，H/km。

对称的三相送电线路发生不对称短路时的故障电流（即影响电流），是指送电线路各相导线中电流的相量和，它是一个不平衡电流，在数值上等于沿着送电线路对应段的地中电流。"四部协议"规定：对于一般通信线路，取短路开始时电流交流分量的 70% 作为影响电流；对于电缆线路和铁路半自动闭塞装置信号线路，则取 85%。

由于送电线路故障电流在地中的分布与电流的频率和所在地区大地电导率值有关，在计算送电线路和通信线路间的互感系数时必须考虑这一因素，所以使得准确地计算互感系数是困难的。对于无限长两平行回路之间，计算互感系数的公式很多。这些公式计算起来都较复杂，工程计算多利用查诺模图的方法。图 6-4 为 $f = 50Hz$ 时互感阻抗诺模图，图中给出了平行段和交叉段互感阻抗列线。对斜接近段，当 a_2/a_1 的比值在 1/3～3 之间时，可采用等值接近距离 a_{cp}，再利用平行段阻抗列线计算。

当 $x < 0.1$ 时，M 值可近似按下式计算

$$M = \left(2\ln \frac{2}{1.78x} + 1 \right) \times 10^{-4} \quad (H/km) \tag{6-2}$$

$$x = \alpha a \tag{6-3}$$

$$a = \sqrt{\mu_0 \sigma \omega} \quad (1/m)$$

式中　μ_0——真空中的相对导磁率，$\mu_0 = 4\pi \times 10^{-7}$，H/km；

ω——影响电流角频率，rad/s；

σ——大地电导率，s/m；

a——平行回路间的距离，m。

二、电危险影响

中性点不直接接地系统三相对称送电线路发生单相接地故障时，对架空明线通信线路产生电影响，当人接触对地绝缘通信导线时，流经人体的电感应电流按以下各式进行计算。

（一）判别式

送电线路与通信线路的全部接近长度 l_p 中，若接近距离全部大于下列计算值时，容性耦合危险影响可忽略不计

$$a = \frac{1}{12}\sqrt{U_e l_p} \quad (\text{m}) \tag{6-4}$$

式中 U_e——送电线路的额定电压，V。

（二）电感应人体电流计算式

当送电线路与通信线路间的距离不能全部大于按式（6-5）计算的 a 值时，就应计算通信线路上由电感应产生的对地放电电流，但可不必计算两线路之间的距离大于 $a = \frac{1}{4}\sqrt{U_e l_p}$ 的那些接近段。

1. 平行接近

$$i_c'' = \frac{m_1}{m_1 + n + 2}\omega U_e g_r n(a) l_T p q_1 q_2 \times 10^{-5} \quad (\text{mA}) \tag{6-5}$$

式中 m_1——人体接触对地绝缘的通信回路导线数（如双线回路 $m_1 = 2$，双幻回路 $m_1 = 4$）；

n——通信线路接地导线数（系指单线电话、单线电报和幻象电报等）；

ω——送电线路基波电压角频率，rad/s；

U_e——送电线路的额定线电压，V；

g_r——送电线路结构系数，一般情况取 $g_r = 3/11$；

$n(a)$——单位长度静电耦合系数；

l_T——接近段内通信线路长度，km；

p——送电线路避雷线的静电屏蔽系数，一般取 $P = 0.75$；

q_1、q_2——距送电线路、通信线路在 3m 内有一行连续不断树木的电屏蔽系数，数值为 0.7。

2. 从 A 点到 B 点斜接近或交叉段

$$i_c'' = \frac{m_1}{m_1 + n + 2}\omega U_e g_r [n(a)]_A^B l_T p q_1 q_2 \times 10^{-5} \quad (\text{mA}) \tag{6-6}$$

而

$$[n(a)]_A^B = \frac{N(a_B) - N(a_A)}{a_B - a_A}$$

式中 $[n(a)]_A^B$——A 点到 B 点接近段单位长度的静电耦合系数 $n(a)$ 的平均值。

其它各符号所代表的意义与式（6-5）同。

在斜接近情况下，若 $\frac{a_B}{a_A}$ 的比值是在 1/3 与 3 之间，可设平均值 $[n(a)]_A^B$ 为接近距离 a_{cp} $= \pm\sqrt{a_B a_A}$ 的平行情况下 $n(a)$ 的值。

3. 复杂接近

$$i_c = \sum i_c' + \sum i_c'' \quad (\text{mA}) \tag{6-7}$$

式（6-8）中 i_c'、i_c'' 的计算，见式（6-5）、式（6-6）。

三、地电位升

送电线路发生接地故障时，不平衡电流通过接地点流入大地，由于接地回路存在电阻，因此使大地上各点产生电位差，有时这个电位差可高达数千伏，它主要集中在电流入地点附近，一般为 200～300m 内，较远的距离所占分量较小，可以忽略。

接地装置的电位升和大地电位分布与流入接地装置的电流大小，接地装置形式和大地电阻率有关。接地装置附近某一点的电位可根据以下公式进行计算。

大型接地装置——发电厂和变电所的接地装置（如图 6-7 (a) 所示），附近 P 点电位为

$$U_P = \frac{I_s \rho}{2\pi d} \arcsin \frac{d}{d+x} \quad (\text{V}) \tag{6-8}$$

小型接地装置——杆塔接地装置为

$$U_P = \frac{I_s \rho}{2\pi d} \times \frac{d}{x} \quad (\text{V}) \tag{6-9}$$

上两式中　I_s——经接地装置流入地中的电流，A；

ρ——大地电阻率；

d——接地装置计算半径；

x——自接地装置边缘至计算点 P 的距离，m。

对于有架空避雷线的送电线路，考虑到接地短路电流经避雷线从多基杆塔的接地装置流入大地，如图 6-7 (b) 所示，P 点电位应同时考虑多个接地装置电位升的影响，则 U_P 按下式计算

$$U_P = \sum_{i=1}^{n} \frac{I_{si} \rho}{2\pi d_i} \times \frac{d_i}{d_i + x_i} \quad (\text{V}) \tag{6-10}$$

式中各符号所代表的意义与式（6-8）同，但指的是第 i 基杆塔的数值。

式（6-9）是以原板电极推算出来的，式（6-9）是以半球形电极推算出来的。在实际工程中这两种电极很少有，可认为发电厂、变电所接地装置面积大，近似于原板电极；杆塔

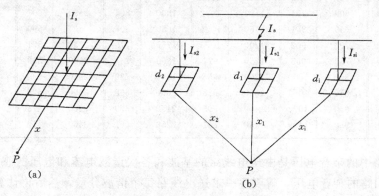

图 6-7　地电位计算说明图

(a) 发电厂变电所及无避雷线杆塔接地装置；(b) 有避雷线的杆塔接地装置

接地装置面积小，近似于半圆球电极。

对于人身和设备构成危险影响的是电位差，既然求得大地上任一点电位，那么任何两点电位之间的差值就是电位差。

第四节　架空线路对通信线路的干扰影响

一、概述

在电力系统中，由于发电机输出电压是非正弦性和存在非线性阻抗的电气设备，因而在送电线路工作电压和电流中含有谐波。根据测量和分析表明，音频波段的谐波是电话回路产生干扰影响的根源之一。送电线路对电报回路的干扰影响主要是由送电线路的基波电压和电流产生的。

"人耳——话机"具有一种特性，就是对不同频率有不同的灵敏度，对 50Hz 的电流和电压，灵敏度很低，而对于 800Hz 的电流和电压，灵敏度则很高。在计算杂音电压时，一般以 800Hz 为基准，将不同频率的感应电压折算到 800Hz，用下列公式表示

$$U_{S(800)} = \frac{\sqrt{\sum (p_f U_f)^2}}{P_{800}} \quad \text{(V)} \tag{6-11}$$

式中　$U_{S(800)}$——折算到 800Hz 的杂音电压，它等于在电话机的两端接入与电话回路特性阻抗相等的纯电阻，用杂音计在此电阻上测得的杂音电压；

　　　　U_f——电话机端子上频率为 f 的感应电压值；

　　　　p_f——频率为 f 的衡重系数，见表 6-2；

　　　　p_{800}——频率为 800Hz 时衡重系数，$P_{800} = 1000$。

表 6-2　　　　　　　　　　　　　　衡　重　系　数

频率 (Hz)	P_f	频率 (Hz)	P_f	频率 (Hz)	P_f	频率 (Hz)	P_f	频率 (Hz)	P_f	频率 (Hz)	P_f
16.66	0.056	500	661	1000	1122	1500	861	2350	643	3600	335
50	0.71	550	733	1050	1109	1550	842	2450	625	3800	251
100	8.91	600	794	1100	1072	1600	824	2550	607	4000	178
150	35.5	650	851	1150	1035	1650	807	—	590	4200	116
200	89.1	700	902	1200	1000	1750	775	2750	571	4400	72.4
250	178	750	955	1250	977	1850	745	2850	553	4600	43.7
300	295	800	1000	1300	955	1950	720	2950	534	4800	26.3
350	376	850	1035	1350	928	2050	698	3000	525	5000	15.9
400	484	900	1072	1400	905	2150	679	3200	473		
450	582	950	1109	1450	881	2250	661	3400	412		

电话回路中的杂音电压是由送电线路的基波和各次谐波电流和电压的感应而产生的。欲计算电话回路的杂音电压，就要逐一求送电线路每个谐波分量，然后再计算每个谐波分量在电话回路上产生的杂音电压。显然，这样计算是非常繁杂的。为计算简单，通常用等效于频率 800Hz 的电流和电压来计算，此电流和电压称为等效干扰电流和等效干扰电压。

等效干扰电流和等效干扰电压在电话机中所产生的杂音值和送电线路各次谐波电流和电压在电话机中所产生的杂音值相同。

二、干扰影响计算的简化内容

送电线路在正常运行时相导线上的电压和电流一般是不对称的，它包含有平衡分量和剩余分量。因此，干扰影响计算中必须考虑电压、电流的平衡分量和剩余分量。

由于双线电话对送电线存在着几何位置不对称，因而，两导线上感应的对地电压不相等，产生均衡电流，称为环路效应。同时，双线电话线由于导线对地导纳和导线阻抗等不同，存在着对地不对称，致使相同幅值和相位的电压传到话机的端点，两导线的对地电压也不相同，因而产生不平衡电流，称为不平衡效应。基于送电线这个干扰源中电压和电流有四个分量，而双线电话又存在着环路效应和不平衡效应，故双线电话回路中的杂音电动势，可分解为以下八个杂音分量：

（1）由平衡电压分量和环路效应引起的杂音电势 e_{PVa}。

（2）由平衡电压分量和不平衡效应引起的杂音电势 e_{PV}。

（3）由平衡电流分量和环路效应引起的杂音电势 e_{PIa}。

（4）由平衡电流分量和不平衡效应引起的杂音电势 e_{PI}。

（5）由剩余电压分量和环路效应引起的杂音电势 e_{rva}。

（6）由剩余电压分量和不平衡效应引起的杂音电势 e_{rv}。

（7）由剩余电流分量和环路效应引起的杂音电势 e_{ra}。

（8）由剩余电流分量和不平衡效应引起的杂音电势 e_r。

总的杂音电势为各分量的平方和的开方即均方根。

但实际上，由于送电线路运行方式不同，例如：中性点直接接地的三相对称送电线路，它的剩余电压分量 U_T 近似为零；中性点不直接接地的三相对称送电线路的剩余电流分量 I_r 近似为零。这样，在对双线电话的干扰计算中，最多只需考虑六个分量，这六个分量随着送电线路与通信线路的接近距离以及大地导电率等因素的不同，各分量所占的比重差异很大，例如中性点直接接地的三相送电线路与通信线路之间的距离受磁危险影响控制，一般距离都在数百米以上。通过实测和计算比较可以得出：通信线路不平衡效应引起的杂音要比环路效应引起的杂音大十到几十倍，对以上这些相对来说较小的分量在实际工程计算中是完全可以忽略不计的。根据以上分析送电线路对通信线路的干扰影响计算一般可以简化如表 6-3 所示内容。

表 6-3 三相对称送电线路对通信线路干扰影响计算简化内容

送电线路运行方式 \ 通信方式	中性点直接接地系统 正常运行	中性点不直接接地系统 正常运行	故障运行
双线电话	$e=\sqrt{e_{pv}^2+e_{pI}^2+e_{rI}^2}$	$e=\sqrt{e_{pv}^2+e_{pI}^2}$	$e=e_{rv}$
单线电话	$e_s=\sqrt{e_{spv}^2+e_{spI}^2+e_{svI}^2}$	$e_s=\sqrt{e_{spv}^2+e_{spI}^2}$	$e_s=e_{srv}$
单线电报	$I_t=\sqrt{I_{pv}^2+I_{rI}^2}$	$I_t=I_{pv}$	$I_t=I_{rv}$

注 表中电势单位 mv；电流单位为 mA。

I_{PV}——由平衡电压分量感应产生的干扰电流，mA。

I_{rI}——由基波电流剩余分量感应产生的干扰电流，mA。

上述简化只适用于送电线路与通信线路接近距离较大情况。若接近距离较小时，应计算六个分量的杂音电势，否则将导致较大误差。关于这六个分量的计算在这里不做介绍，可查阅《电力工程高压输电线路设计手册》。

第五节　危险影响与干扰影响的防护措施

一、危险影响的防护措施

对中性点直接接地的电力线路，当在线路上任何一点发生单相接地时，如对通信线路电磁感应的纵电势超过 750V 时，一般可在通信线路上装设 R－250 型金属陶瓷放电器。

国产 R－250 型金属陶瓷放电器，外壳为涂防潮漆的陶瓷管，里面封装一对金属电极，并充以稀有气体。其在通信线上的配置原则为：

（1）当感应电动势超过 750V，一般在通信接近段两端装设放电器。

（2）通信线上放电器分布应使电力线在接近段的任意点发生单相短路时，在与短路点相对应的通信线路上对地电位不超过 500V。

其装置地点与电力线路的长度、输送功率大小有关。当电力线路很长时，除在通信进出线两端安装外，还需在线的中间加放电器，其接地电阻以不超过 10Ω 为宜。

对静电影响的防护，一般可采用泄流电阻或排流线圈来进行防护，如图 6-8 所示，泄流电阻是由两个电阻值相同的电阻构成，电阻一端接于通信线路上，另一端接地。静电感应电流通过这两个泄流电阻入地，降低了导线上的感应电压。此阻值一般为 4kΩ（1.5～2 W）左右。

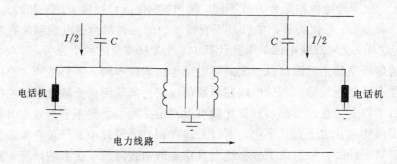

图 6-8　泄流电阻、排流线路安装图

排流线圈也可降低感应电压，其两个线圈接法应对感应电荷呈现低阻抗，使静电感应电流入地。对通信的交变信号呈高阻抗。因此对通信质量不会有什么影响。

二、对干扰影响的防护

电力线路对通信线路的干扰影响，主要指对单线电话线路的干扰。由于双线电话线路比较平衡，一般不宜受到干扰影响。如某段单线电话干扰的比较严重，可采用迁移办法，将通信线迁到距电力线较远的地方或在此段将单线电话改为双线电话，都能取得良好的效果。

如果上述两种方法不能实现，可在单线电话线上安装 1：1 变压器，亦可降低干扰影响，防干扰原理类似排流线圈，变压器安装地点可这样选定：即当变压器两侧的感应电势和电流相等，防干扰效果最好，其作用原理如图 6-9 所示，通过电话机干扰电流为 $I/2$。当中间

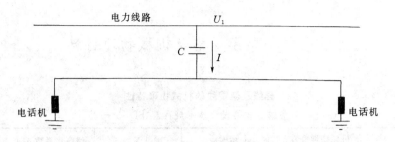

图 6-9　未加装 1：1 变压器静电干扰影响情况

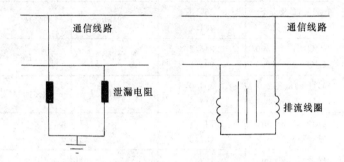

图 6-10　加装 1：1 变压器后静电干扰影响情况

加入 1：1 变压器，由于 1：1 变压器阻抗小于电话机阻抗，流经电话机的干扰电流 $I_1 \ll I/2$，因此通话质量得到改善。如图 6-10 所示。如果三相电力线路不平衡，对周围通信线路尚有电磁干扰影响，加装 1：1 变压器后，同样能使电磁干扰情况减轻，通话质量得到改善。如图 6-11 所示。

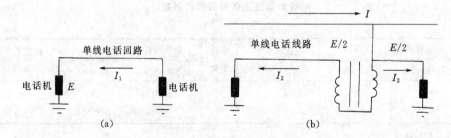

图 6-11　1：1 变压器防护电磁干扰影响
（a）未加装 1：1 变压器；（b）加装 1：1 变压器

习　题

6-1　危险影响、干扰影响、接近、交叉跨越、磁感应纵电势、磁感应对地电压的定义各是什么？

6-2　送电线路对电报回路的干扰影响主要由什么产生的？

6-3　危险影响的防护措施有哪些？

6-4　干扰影响的防护措施有哪些？

附录一　导线规格及机械物理特性

附表 1-1　　　　　　　　**导线及避雷线的机械物理特性**

[《架空送电线路设计技术规程》(SDJ 3—79)]

机械物理特性 导线、避雷线种类		瞬时破坏应力 * (MPa)	弹性系数 E (N/mm²)	线膨胀系数 α (1/℃)	比　重
钢芯铝线	LGJ—70 及以下 LGJ—95～400	264.8 284.4	78450	19×10^{-6}	
轻型钢芯铝线	LGJQ—150～300 LGJQ—400～700	245.2 235.4	72570	20×10^{-6}	
加强型钢芯铝线	LGJJ—150～240 LGJJ—300～400	304.0 313.8	81400	18×10^{-6}	
铝绞线	7 股　股径≤3.5 mm 股径＞3.5 mm	147.1 137.3	58840	23×10^{-6}	2.7
	19 股　股径≤3.5 mm 股径＞3.5 mm	147.1 137.3	55900	23×10^{-6}	2.7
	37 股	137.3	55900	23×10^{-6}	2.7
	61 股	132.4	53940	23×10^{-6}	2.7
镀锌钢绞线		1176.8	181420	11.5×10^{-6}	7.8

* 对各型钢芯铝线，系指综合瞬时破坏应力。力的单位用 1kgf＝9.80665N 进行了换算。

附表 1-2　　　　　　　　**铝绞线弹性系数和线膨胀系数**

(GB1179—83)

单线 根数	最终弹性系数（实际值）		线膨胀系数 (1/℃)	单线 根数	最终弹性系数（实际值）		线膨胀系数 (1/℃)
	(N/mm²)	(kgf/mm²)			(N/mm²)	(kgf/mm²)	
7	59000	6000	23.0×10^{-6}	37	56000	5700	23.0×10^{-6}
19	56000	5700	23.0×10^{-6}	61	54000	5500	23.0×10^{-6}

注　弹性系数精确度为±3000 N/mm²。

附表 1-3　　　　　　　　**钢芯铝绞线弹性系数和线膨胀系数**

(GB1179—83)

结　构		铝钢截面比	最终弹性系数（实际值）		线膨胀系数（计算值）
铝	钢		(N/mm²)	(kgf/mm²)	(1/℃)
6	1	6.00	79000	8100	19.1×10^{-6}
7	7	5.06	76000	7700	18.5×10^{-6}
12	7	1.71	105000	10700	15.3×10^{-6}
18	1	18.00	66000	6700	21.2×10^{-6}
24	7	7.71	73000	7400	19.6×10^{-6}
26	7	6.13	76000	7700	18.9×10^{-6}

结　　构		铝钢截面比	最终弹性系数（实际值）		线膨胀系数（计算值）
铝	钢		（N/mm²）	（kgf/mm²）	（1/℃）
30	7	4.29	80000	8200	17.8×10⁻⁶
30	19	4.37	78000	8000	18.0×10⁻⁶
42	7	19.44	61000	6200	21.4×10⁻⁶
45	7	14.46	63000	6400	20.9×10⁻⁶
48	7	11.34	65000	6600	20.5×10⁻⁶
54	7	7.71	69000	7000	19.3×10⁻⁶
54	19	7.90	67000	6800	19.4×10⁻⁶

注　弹性系数精确度为±3000N/mm²。

附表 1-4　　　　　　　　　　**钢 芯 铝 绞 线 规 格**

（GB1179—83）

标称截面 铝/钢 （mm²）	结构，根数/直径 （mm）		计 算 截 面 （mm²）			外径 （mm）	直流电阻 不大于 （Ω/km）	计算 拉断力 （N）	计算质量 （kg/km）	交货长度 不小于 （m）
	铝	钢	铝	钢	总计					
10/2	6/1.50	1/1.50	10.60	1.77	12.37	4.50	2.706	4120	42.9	3000
16/3	6/1.85	1/1.85	16.13	2.69	18.82	5.55	1.779	6130	65.2	3000
25/4	6/2.32	1/2.32	25.36	4.23	29.59	6.96	1.131	9290	102.6	3000
35/6	6/2.72	1/2.72	34.86	5.81	40.67	8.16	0.8230	12630	141.0	3000
50/8	6/3.20	1/3.20	48.25	8.04	56.29	9.60	0.5946	16870	195.1	2000
50/30	12/2.32	7/2.32	50.73	29.59	80.32	11.60	0.5692	42620	372.0	3000
70/10	6/3.80	1/3.80	68.05	11.34	79.39	11.40	0.4217	23390	275.2	2000
70/40	12/2.72	7/2.72	69.73	40.67	110.40	13.60	0.4141	58300	511.3	2000
95/15	26/2.15	7/1.67	94.39	15.33	109.72	13.61	0.3058	35000	380.8	2000
95/20	7/4.16	7/1.85	95.14	18.82	113.96	13.87	0.3019	37200	408.9	2000
95/55	12/3.20	7/3.20	96.51	56.30	152.81	16.00	0.2992	78110	707.7	2000
120/7	18/2.90	1/2.90	118.89	6.61	125.50	14.50	0.2422	27570	379.0	2000
120/20	26/2.38	7/1.85	115.67	18.82	134.49	15.07	0.2496	41000	466.8	2000
120/25	7/4.72	7/2.10	122.48	24.25	146.73	15.74	0.2345	47880	526.6	2000
120/70	12/3.60	7/3.60	122.15	71.25	193.40	18.00	0.2364	98370	895.6	2000
150/8	18/3.20	1/3.20	144.76	8.04	152.80	16.00	0.1989	32860	461.4	2000
150/20	24/2.78	7/1.85	145.68	18.82	164.50	16.67	0.1980	46630	549.4	2000
150/25	26/2.70	7/2.10	148.86	24.25	173.11	17.10	0.1939	54110	601.0	2000
150/35	30/2.50	7/2.50	147.26	34.36	181.62	17.50	0.1962	65020	676.2	2000
185/10	18/3.60	1/3.60	183.22	10.18	193.40	18.00	0.1572	40880	584.0	2000
185/25	24/3.15	7/2.10	187.04	24.25	211.29	18.90	0.1542	59420	706.1	2000
185/30	26/2.98	7/2.32	181.34	29.59	210.93	18.88	0.1592	64320	732.6	2000
185/45	30/2.80	7/2.80	184.73	43.10	227.83	19.60	0.1564	80190	848.2	2000
210/10	18/3.80	1/3.80	204.14	11.34	215.48	19.00	0.1411	45140	650.7	2000
210/25	24/3.33	7/2.22	209.02	27.10	236.12	19.98	0.1380	65990	789.1	2000
210/35	26/3.22	7/2.50	211.73	34.36	246.09	20.38	0.1363	74250	853.9	2000
210/50	30/2.98	7/2.98	209.24	48.82	258.06	20.86	0.1381	90830	960.8	2000
240/30	24/3.60	7/2.40	244.29	31.67	275.96	21.60	0.1181	75620	922.2	2000

标称截面 铝/钢 (mm²)	结构,根数/直径 (mm)		计算截面 (mm²)			外径 (mm)	直流电阻 不大于 (Ω/km)	计算 拉断力 (N)	计算质量 (kg/km)	交货长度 不小于 (m)
	铝	钢	铝	钢	总计					
240/40	26/3.42	7/2.66	238.85	38.90	277.75	21.66	0.1209	83370	964.3	2000
240/55	30/3.20	7/3.20	241.27	56.30	297.57	22.40	0.1198	102100	1108	2000
300/15	42/3.00	7/1.67	296.88	15.33	312.21	23.01	0.09724	68060	939.8	2000
300/20	45/2.93	7/1.95	303.42	20.91	324.33	23.43	0.09520	75680	1002	2000
300/25	48/2.85	7/2.22	306.21	27.10	333.31	23.76	0.09433	83410	1058	2000
300/40	24/3.99	7/2.66	300.09	38.90	338.99	23.94	0.09614	92220	1133	2000
300/50	26/3.83	7/2.98	299.54	48.82	348.36	24.26	0.09636	103400	1210	2000
300/70	30/3.60	7/3.6	305.36	71.25	376.61	25.20	0.09463	128000	1402	2000
400/20	42/3.51	7/1.95	406.40	20.91	427.31	26.91	0.07104	88850	1286	1500
400/25	45/3.33	7/2.22	391.91	27.10	419.01	26.64	0.07370	95940	1295	1500
400/35	48/3.22	7/2.50	390.88	34.36	425.24	26.82	0.07389	103900	1349	1500
400/50	54/3.07	7/3.07	399.73	51.82	451.55	27.63	0.07232	123400	1511	1500
400/65	26/4.42	7/3.44	398.94	65.06	464.00	28.00	0.07236	135200	1611	1500
400/95	30/4.16	19/2.50	407.75	93.27	501.02	29.14	0.07087	171300	1860	1500
500/35	45/3.75	7/2.50	497.01	34.36	531.37	30.00	0.05812	149500	1642	1500
500/45	48/3.60	7/2.80	488.58	43.10	531.68	30.00	0.05912	128100	1688	1500
500/65	54/3.44	7/3.44	501.88	65.06	566.94	30.96	0.05760	154000	1897	1500
630/45	45/4.20	7/2.80	623.45	43.10	666.55	33.60	0.04633	148700	2060	1200
630/55	48/4.12	7/3.20	639.92	56.30	696.22	34.32	0.04514	134400	2209	1200
630/80	54/3.87	19/2.32	635.19	80.32	715.51	34.82	0.04551	102900	2388	1200
800/55	45/4.80	7/3.20	814.30	56.30	870.60	38.40	0.03547	191500	2690	1000
800/70	48/4.63	7/3.60	808.15	71.25	879.40	38.58	0.03574	207000	2791	1000
800/100	54/4.33	19/2.60	795.17	100.88	896.05	38.98	0.03635	241100	2991	1000

附表 1-5　　　　　　　铝 绞 线 规 格
(GB1179—83)

标称截面 (mm²)	结构根数/直径 (mm)	计算截面 (mm²)	外径 (mm)	直流电阻不大于 (Ω/km)	计算拉断力 (N)	计算质量 (kg/km)	交货长度不小于 (m)
16	7/1.70	15.89	5.10	1.802	2840	43.5	4000
25	7/2.15	25.41	6.45	1.127	4355	69.6	3000
35	7/2.50	34.36	7.50	0.8332	5760	94.1	2000
50	7/3.00	49.48	9.00	0.5786	7930	135.5	1500
70	7/3.60	71.25	10.80	0.4018	10950	195.1	1250
95	7/4.16	95.14	12.48	0.3009	14450	260.5	1000
120	19/2.85	121.2	14.25	0.2373	19420	333.5	1500
150	19/3.15	148.07	15.75	0.1943	23310	407.4	1250
185	19/3.50	182.80	17.50	0.1574	28440	503.0	1000
210	19/3.75	209.85	18.75	0.1371	32260	577.4	1000
240	19/4.00	288.76	20.00	0.1205	36260	656.9	1000
300	37/3.20	297.57	22.40	0.09689	46850	820.4	1000
400	37/3.70	397.83	25.90	0.07247	61150	1097	1000
500	37/4.16	502.90	29.12	0.05733	76370	1387	1000
630	61/3.63	631.30	32.67	0.04577	91940	1744	800
800	61/4.10	805.36	36.90	0.03588	115900	2225	800

附表 1-6 　　　　　　　　　镀 锌 钢 绞 线 规 格

(GB1200—88)

结构	直径 (mm)		钢绞线断面积 (mm²)	在下列公称抗拉强度（N/mm²）时钢丝破断拉力总和（kN）不小于					参考质量 (kg/100m)
	钢丝	钢绞线		1175	1270	1370	1470	1570	
1×7	2.0	6.0	21.99	25.84	29.73	30.13	32.32	34.52	17.46
	2.3	6.9	29.08	34.17	36.93	39.84	42.75	45.66	23.09
	2.6	7.8	37.17	43.60	47.20	50.92	54.63	58.35	29.51
	2.9	8.7	46.24	54.33	58.72	63.35	67.97	72.60	36.71
	3.2	9.6	56.30	66.15	71.50	77.13	82.76	88.39	44.70
1×19	1.8	9.0	48.35	56.81	61.40	66.24	71.07	75.91	38.49
	2.0	10.0	59.69	70.14	75.81	81.78	87.74	93.71	47.51
	2.3	11.5	78.94	92.75	100.25	108.15	116.04	123.94	62.84
	2.6	13.0	100.88	118.53	128.12	138.20	148.29	158.38	80.30
	2.9	14.5	125.50	147.46	159.38	171.93	184.48	197.03	99.90
*				1079 (N/mm²)	1126 (N/mm²)	1373 (N/mm²)	1520 (N/mm²)	1667 (N/mm²)	
1×7	2.2	6.6	26.60	28.635	32.558	36.480	40.40	44.326	22.77
	2.4	7.2	31.65	34.127	38.736	43.443	48.052	52.760	27.09
	2.6	7.8	37.15	40.011	45.502	50.994	56.388	61.880	31.82
	2.8	8.4	43.08	46.385	52.760	59.134	65.410		36.86
	3.0	9.0	49.46	53.348	60.605	67.862	75.119		42.37
1×19	2.2	11.0	72.19	77.865	88.455	99.047	109.34	120.13	61.50
	2.4	12.0	85.91	92.673	105.23	117.68	130.43	143.18	73.15
	2.5	12.5	93.22	100.52	124.25	127.98	141.68	155.34	79.45
	2.6	13.0	100.83	108.36	123.56	138.27	152.98	167.69	85.94
	2.8	14.0	116.93	126.02	143.28	160.34	177.50		99.50

* 以下摘自 GB1200—75。

附表 1-7 　　　　　　　　钢芯铝绞线（LGJ）旧规格

(GB1179—74)

标称截面 (mm²)	实际截面 (mm²)		铝钢截面比	结构尺寸股数/直径(mm)		计算直径 (mm)		直流电阻 20℃ (Ω/km)	拉断力 (N)	弹性系数 (N/mm²)	热膨胀系数 ×10⁻⁶ (1/℃)	计算质量 (kg/km)	制造长度不小于 (m)
	铝	钢		铝	钢	电线	钢芯						
10	10.60	1.77	6.0	6/1.50	1/1.5	4.50	1.5	2.774	3599	76490	19.1	42.9	1500
16	15.27	2.54	6.0	6/1.80	1/1.8	5.40	1.8	1.926	5197.5	76490	19.1	61.7	1500
25	22.81	3.80	6.0	6/2.20	1/2.2	6.60	2.2	1.289	7747.3	76490	19.1	92.2	1500
35	36.95	6.16	6.0	6/2.80	1/2.8	8.40	2.8	0.796	11670	76490	19.1	149	1000
50	48.26	8.04	6.0	6/3.20	1/3.2	9.60	3.2	0.609	15200	76490	19.1	195	1000
70	68.05	11.34	6.0	6/3.80	1/3.8	11.40	3.8	0.432	20888	76490	19.1	275	1000
95	94.23	17.81	5.3	28/2.07	7/1.8	13.68	5.4	0.315	34225	78450	18.8	401	1500
95(1)	94.23	17.81	5.3	7/4.14	7/1.8	13.68	5.4	0.312	32460	78450	18.8	398	1500
120	116.34	21.99	5.3	28/2.30	7/2.0	15.20	6.0	0.255	42266	78450	18.8	495	1500
120(1)	116.33	21.99	5.3	7/4.60	7/2.0	15.20	6.0	0.253	40109	78450	18.8	492	1500

标称截面 (mm²)	实际截面 (mm²) 铝	实际截面 (mm²) 钢	铝钢截面比	结构尺寸股数/直径(mm) 铝	结构尺寸股数/直径(mm) 钢	计算直径 (mm) 电线	计算直径 (mm) 钢芯	直流电阻 20℃ (Ω/km)	拉断力 (N)	弹性系数 (N/mm²)	热膨胀系数 ×10⁻⁶ (1/℃)	计算质量 (kg/km)	制造长度不小于 (m)
150	140.76	26.61	5.3	28/2.53	7/2.2	16.72	6.6	0.211	49818	78450	18.8	599	1500
185	182.40	34.36	5.3	28/2.88	7/2.5	19.02	7.5	0.163	64430	78450	18.8	774	1500
240	228.01	43.10	5.3	28/3.22	7/2.8	21.28	8.4	0.130	77080	78450	18.8	969	1500
300	317.52	59.69	5.3	28/3.80	19/2.0	25.20	10.0	0.0935	109050	78450	18.8	1348	1000
400	382.4	72.22	5.3	28/4.17	19/2.2	27.68	11.0	0.0778	131700	78450	18.8	1626	1000

附表 1-8　　　　　　　　　　轻型钢芯铝绞线（LGJQ）旧规格

（GB1179—74）

标称截面 (mm²)	实际截面 (mm²) 铝	实际截面 (mm²) 钢	铝钢截面比	结构尺寸股数/直径(mm) 铝	结构尺寸股数/直径(mm) 钢	计算直径 (mm) 电线	计算直径 (mm) 钢芯	直流电阻 20℃ (Ω/km)	拉断力 (N)	弹性系数 (N/mm²)	热膨胀系数 ×10⁻⁶ (1/℃)	计算质量 (kg/km)	制造长度不小于 (m)
150	143.58	17.81	8.0	24/2.76	7/1.8	16.44	5.4	0.207	40698	72570	19.8	537	1500
180	176.50	21.99	8.0	24/3.06	7/2.0	18.24	6.0	0.168	50112	72570	19.8	661	1500
240	253.88	31.67	8.0	24/3.67	7/2.4	21.88	2.2	0.117	69823	72570	19.8	951	1500
300	298.58	37.16	8.0	54/2.65	7/2.6	23.70	7.8	0.0997	84631	72570	19.8	1116	1000
300(1)	298.58	37.16	8.0	24/3.98	7/2.6	23.72	7.8	0.0994	81984	72570	19.8	1117	1000
400	397.12	49.48	8.0	54/3.06	7/3.0	27.36	9.0	0.0748	108658	72570	19.8	1487	1000
400(1)	398.86	49.48	8.0	24/4.60	7/3.0	27.40	9.0	0.0744	105225	72570	19.8	1491	1000
500	478.81	59.69	8.0	54/3.36	19/2.0	30.16	10.0	0.0620	136018	72570	19.8	1795	1000
600	580.61	72.22	8.0	54/3.70	19/2.2	33.20	11.0	0.0511	159358	72570	19.8	2175	1000
700	692.23	85.95	8.0	54/4.04	19/2.4	36.24	12.0	0.0429	189857	72570	19.8	2592	1000

附表 1-9　　　　　　　　　　加强型钢芯铝绞线（LGJJ）旧规格

（GB1179—74）

标称截面 (mm²)	实际截面 (mm²) 铝	实际截面 (mm²) 钢	铝钢截面比	结构尺寸股数/直径(mm) 铝	结构尺寸股数/直径(mm) 钢	计算直径 (mm) 电线	计算直径 (mm) 钢芯	直流电阻 20℃ (Ω/km)	拉断力 (N)	弹性系数 (N/mm²)	热膨胀系数 ×10⁻⁶ (1/℃)	计算质量 (kg/km)	制造长度不小于 (m)
150	147.26	34.36	4.3	30/2.50	7/2.5	17.50	7.5	0.202	—	82082	18.2	677	1500
185	184.73	43.10	4.3	30/2.80	7/2.8	19.60	8.4	0.161	70608	82082	18.2	850	1500
240	241.27	56.30	4.3	30/3.20	7/3.2	22.40	9.6	0.123	92280	82082	18.2	1110	1500
300	317.35	72.22	4.4	30/3.67	19/2.2	25.68	11.0	0.0937	122583	81690	18.3	1446	1000
400	409.72	93.27	4.4	30/4.17	19/2.5	29.18	12.5	0.0726	158280	81600	18.3	1868	1000

附表 1-10　　　　　　　　　　铝 绞 线（LJ）旧 规 格

（GB1179—74）

标称截面 (mm²)	实际截面 (mm²)	结构尺寸股数/直径 (mm)	计算直径 (mm)	直流电阻 20℃ (Ω/km)	拉断力 (N)	弹性系数 (kg/mm²)	热膨胀系数 ×10⁻⁶ (1/℃)	计算质量 (kg/km)	制造长度不小于 (m)
10	10.10	3/2.07	4.46	2.896	1598	58840	23.0	27.6	4500
16	15.89	7/1.70	5.10	1.847	2520	58840	23.0	43.5	4500
25	24.71	7/2.12	6.36	1.188	3923	58840	23.0	67.6	4000
35	34.36	7/2.50	7.50	0.854	5443	58840	23.0	94.0	4000

标称截面 (mm²)	实际截面 (mm²)	结构尺寸 股数/直径 (mm)	计算直径 (mm)	直流电阻 20℃ (Ω/km)	拉断力 (N)	弹性系数 (kg/mm²)	热膨胀系数 ×10⁻⁶ (1/℃)	计算质量 (kg/km)	制造长度 不小于 (m)
50	49.48	7/3.00	9.00	0.593	7355	58840	23.0	135	3500
70	69.29	7/3.55	10.65	0.424	9709	58840	23.0	190	2500
95	93.27	19/2.5	12.50	0.317	—	55898	23.0	257	2000
95(1)	94.23	7/4.14	12.42	0.313	13140	58840	23.0	258	—
120	116.99	19/2.80	14.00	0.253	—	—	23.0	323	1500
150	148.07	19/3.15	15.75	0.200	—	—	23.0	—	1250
185	182.80	19/3.50	17.50	0.162	—	—	23.0	504	1000
240	236.38	19/3.98	19.90	0.125	—	—	23.0	652	1000
300	297.57	37/3.20	22.40	0.0996	—	—	23.0	822	1000
400	397.83	37/3.70	25.90	0.0745	—	—	23.0	1099	800
500	498.07	37/4.14	28.98	0.0595	—	—	23.0	1376	600
600	603.78	61/3.55	31.95	0.0491	—	—	23.0	1669	500

附录二 线路绝缘子型号及性能

附表 2-1　　　　　　　　　　　　　　　　针式绝缘子型号及性能表

（GB1000—81 等）

绝缘子型号[①]	额定电压 (kV)	系统最高工作电压 (kV)	泄漏距离不小于 (mm)	工频电压(不小于) (kV)			50%全波冲击闪络电压(幅值)不小于 (kV)	瓷件抗弯破坏负荷不小于 (N)	质量[②] (kg)
				干闪络	湿闪络	击穿			
P—6W	6	6.9	150	50	28	65	70	13729	2.8
P—6T(M)	6	6.9	150	50	28	65	70	13729	1.4(1.5)
P—10T(M)	10	11.5	185	60	32	78	80	13729	2.0(2.2)
P—10MC	10	11.5	185	60	32	78	80	13729	
P—15T(M)	15	17.5	280	75	45	98	118	13729	3.2(3.5)
P—15MC	15	17.5	280	75	45	98	118	13729	
P—20T(M)	20	23	370	86	57	111	140	13239	6.2(6.6)
P—35T(M)	35	40.5	560	120	80	156	175	13239	9.6
PQ—35T	35	40.5	630	140	90	185	195	13239	11.9

① 型号中：P—针式瓷绝缘子；Q—加强绝缘；短线后的数字为绝缘子额定电压（kV）；M—木担直脚；MC—加长的木担直脚；T—铁担直脚；W—弯脚。

② 本栏括号中数字为木担直脚绝缘子的质量。

附表 2-2　　　　　　　　　　　　　　　　盘形悬式绝缘子型号及性能

绝缘子型号	主要尺寸 (mm)		泄漏距离不小于 (mm)	工频试验电压 (kV)			50%全波冲击闪络电压 (kV)	抗张负荷 (N)		质量 (kg)
	高度 (H)	盘径 (D)		干闪络	湿闪络	击穿		1 h 机电负荷	机电破坏负荷	
X—3C	146	200	220	60	30	90	100	29420	39227	3.8
X—4.5	146	254	300	75	45	110	120	44130	58840	5.2
XP—6 （6C）	146	255	280	75	45	110	120	44130	58840	—
XP—7 （7C）	146	255	280	75	45	110	120	50995	68647	4.6
XP—10	146	255	280	75	45	110	120	73550	98067	5.4
XP—16	155	255	290	75	45	110	120	117680	156906	6.2
XP—21	170	280	320	80	50	120	130	156906	205940	8.9
XP—30	195	320	350	80	50	120	130	220650	294200	13.6
XW—4.5 （C）	180	—	440	107	50	110	—	44130	58840	7.1
XW₁—4.5	188	—	410	90	50	110	—	44130	58840	7.1
XW₂—4.5	146	—	390	90	50	120	—	44130	58840	5.8
XW₂—4.5 （C）	146	—	390	75	45	110	—	44130	58840	5.6
XWP₁—6 （C）—D	146	—	350	90	50	110	—	44130	58840	5.8
XWP₂—6 （C）—D	170	—	440	107	50	110	—	44130	58840	6.6
XWP—7 （C）	146	—	400	90	50	110	—	51485	68647	5.4
XWP—6	146	—	400	90	50	110	—	44130	58840	7
XWP—10	155	—	400	90	50	110	—	73550	98067	7.5

绝缘子型号	主要尺寸 (mm)		泄漏距离 不小于 (mm)	工频试验电压 (kV)			50%全波 冲击闪络 电压 (kV)	抗张负荷 (N)		质量 (kg)
	高度 (H)	盘径 (D)		干闪络	湿闪络	击穿		1h机 电负荷	机电破 坏负荷	
XWP—16	155	—	400	90	50	120	—	117680	156906	8
LXP—6	140	254	290	75	45	110	110	44130	58840	4.2
LXP—7	140	254	290	75	45	110	110	51485	68647	3.6
LXP—10	146	254	290	75	45	110	110	73550	98067	5.3
LXP—12	146	254	290	75	45	110	110	88260	117680	5.5
LXP—16	155	280	330	80	50	120	125	117680	156906	6.8
LXP—21	170	280	340	80	50	120	125	156906	205940	7.8

注 1. X、XP 系列摘自西安高压电瓷厂样本，XP 系列按 GB1001—80 制造，X 系列按 GB1001—67 制造；WX、WXP 系列摘自《电力工业常用设备手册》，LXP 系列摘自南京电瓷厂样本。

2. 型号含义：X—瓷悬式绝缘子，短线后数字为 1 小时机电负荷；XP—按机电破坏负荷值表示的新系列瓷悬式 绝缘子、后面数字为机电破坏负荷；W—防污型绝缘子；L—钢化玻璃绝缘子；C—槽形连接（球窝形连接不 用字母表示）。

附表 2-3　　　　　　　　　瓷横担绝缘子型号及性能表

绝缘子型号		主要尺寸（mm）			泄漏距离 （不小于） (mm)	闪络电压		弯曲破坏 负荷 (N)	额定电压 (kV)
		全长	绝缘 距离	棱（伞） 外径		50%雷电冲 击（kV）	工频湿闪 (kV)		
SC—185	SC—185Z	400	315	75	320	185	50	2452	10
SC—210	SC—210Z	450	365	82	380	210	60	2452	10
SC—280	SC—280Z	600	490	110	600	280	100	3432	35
S—185	S—185Z	470	315	75	320	185	50	2452	10
S—210	S—210Z	520	365	82	380	210	60	2452	10
S—280	S—280Z	665	490	115	700	280	100	4903	35
S—380	S—380Z	900	700	130	1060	380	160	4903	60
S—450	S—450Z	1020	820	135	1250	450	180	4903	60
S—610	S—610Z	1385	1150*	185	1760	610	250	4903	110
S—1150					3840	1150	560	4903	220

注 摘自《电机工程手册》第 27 篇。型号中：S 和 SC 分别为胶装式（实心）和全瓷式（实心）瓷横担绝缘子，短线 后数字为 50%雷电冲击闪络电压（kV），Z 为直立式（水平式不用字母表示）。

* 包括中间连接附件长度。

附录三 典型气象区

附表 3-1　　　　　　　典型气象区及计算用气象条件

气象区		I	II	III	IV	V	VI	VII	VIII	IX②
大气温（℃）	最高	+40								
	最低	−5	−10	−10①(−5)	−20	−10(−20)	−20(−40)	−40(−20)	−20	−20
	覆冰	−5								
	最大风	+10	+10	−5	−5	+10(−5)	−5	−5	−5	−5
	安装	0	0	−5	−10	−5	−10	−15	−10	−10
	外过电压	+15								
	内过电压	+20	+15	+15	+10	+15	+10	−5	+10	+10
	年平均气温	+20	+15	+15	+10	+15	+10	−5	+10	+10
风速（m/s）	最大风	35(30)	30(25)	25	25	30(25)	25	30(25)	30(25)	30
	覆冰	—	10						15(10)	15
	安装	10								
	外过电压	15(10)	10							
	内过电压	0.5×最大风速（不低于 15 m/s）								
覆冰厚度（mm）		0	5	5	5	10	10	10	15	20
冰的比重		0.9								

① 表内一个栏内有两个数值的，带括号的适用于 10 kV 及以下线路，不带括号的适用于 35～330 kV 架空送电线路。

② Ⅸ级气象区仅适用于 35～330 kV 线路。

附录四 线路与其它设施交叉跨越规定

摘自《架空送电线路设计技术规程》(SDJ3—79) 和中华人民共和国国家标准《工业与民用 35 kV 及以下架空电力线路设计规范》(GBJ61—83)（试行）。

附表 4-1 　架空电力线路与铁路、道路、河流、管道、索道及各种架空线路交叉或接近的基本要求

项　目		铁　　路		公　　路		电车道（有轨及无轨）	
导线或避雷线在跨越档内接头		标准轨距：不得接头 窄轨：不限制		一、二级公路：不得接头 三、四级公路：不限制		不得接头	
邻档断线情况的检验		标准轨距：检验 窄轨：不检验		一、二级公路：检验 三、四级公路：不检验		检验	
最小垂直距离 (m)	线路电压 (kV)	至轨顶	至承力索或接触线	至路面		至路面	至承力索或接触线
	35～110	7.5 (7.5)	3.0	7.0		10.0	3.0
	154～220	8.5 (7.5)	4.0	8.0		11.0	4.0
	300	9.5 (8.5)	5.0	9.0		12.0	5.0
	3～10	7.6 (6.0)	3.0	7.0		9.0	3.0
最小水平距离 (m)	线路电压 (kV)	杆塔外缘至轨道中心		杆塔外缘至路基边缘		杆塔外缘至路基边缘	
				开阔地区	路径受限制地区	开阔地区	路径受限制地区
	35～110 154～220 330 3～10	交叉：5 m 平行：最高杆（塔）高加 3 m		交叉：8m 平行：最高杆（塔）高	5.0 5.0 6.0	交叉：8m 平行：最高杆（塔）高	5.0 5.0 6.0
				0.5		0.5	
附加要求		不宜在铁路出站信号机以内跨越		公路分级见附录五			
备　注		括号中的数字用于窄轨铁路					

项　目		通　航　河　流		不　通　航　河　流	架空明线弱电线路
导线或避雷线在跨越档内接头		不得接头		不限制	一、二级：不得接头；三级：不限制
邻档断线情况的检验		不检验		不检验	一、二级：检验 三级：不检验
最小垂直距离 (m)	线路电压 (kV)	至五年一遇洪水位	至最高航行水位的最高船桅顶	至百年一遇洪水位	冬季至冰面　至被跨越线
	35～110	6.0	2.0	3.0	6.0　　　3.0
	154～220	7.0	3.0	4.0	6.5　　　4.0
	330	8.0	4.0	5.0	7.5　　　5.0
	3～10	6.0	1.5	3.0*	5.0　　　2.0

项　目		通　航　河　流	不　通　航　河　流	架空明线弱电线路	
最小水平距离（m）	线路电压（kV）	边导线至斜坡上缘（线路与拉纤小路平行）		与边导线间	
				开阔地区	路径受限制地区
	35～110	最高杆（塔）高		最高杆（塔）高	4.0
	154～220				5.0
	330				6.0
	3～10				2.0
附加要求		最高洪水时，有抗洪抢险船只航行的河流垂直距离应协商确定		送电线路应架设在上方	
备　注		（1）不通航河流指不能通航，也不能浮运的河流 （2）次要通航河流对接头不限制 ＊这一数值是指：至50年一遇最高水位的最小垂直距离		弱电线路分级见附录五	

项　目		电　力　线　路	特　殊　管　道	索　　道
导线或避雷线在跨越档内接头		送电线路：不得接头 配电线路：不限制	不得接头	不得接头
邻档断线情况的检验		不检验	检验	不检验
最小垂直距离（m）	线路电压（kV）	至被跨越线	至管道任何部分	至索道任何部分
	35～110	3.0	4.0	3.0
	154～220	4.0	5.0	4.0
	330	5.0	6.0	5.0
	3～10	2.0	3.0	2.0
最小水平距离（m）	线路电压（kV）	与边导线间		边导线至管、索道任何部分
		开阔地区	路径受限制地区	开阔地区	路径受限制地区（在最大风偏情况下）

最小水平距离（m）	线路电压（kV）	与边导线间 开阔地区	与边导线间 路径受限制地区	边导线至管、索道任何部分 开阔地区	边导线至管、索道任何部分 路径受限制地区（在最大风偏情况下）
	35～110	最高杆（塔）高	5.0	最高杆（塔）高	4.0
	154～220		7.0		5.0
	330		9.0		6.0
	3～10		2.0		2.0
附加要求		电压较高的线路一般架设在电压较低线路的上方		（1）与索道交叉，如索道在上方，索道的下方应装保护设施；（2）交叉点不应选在管道的检查井（孔）处；（3）与管、索道平行、交叉时，管、索道应接地	
备　注				（1）管、索道上的附属设施，均应视为管、索道的一部分；（2）特殊管道指架设在地面上输送易燃、易爆物的管道	

注　1. 跨越杆塔（跨越河流除外）应采用固定线夹。

2. 邻档断线情况的计算条件：15℃，无风。

3. 送电线路与弱电线路交叉时，交叉档弱电线路的木质电杆，应有防雷措施。

4. 送电线路与弱电线路交叉时，由交叉点至最近一基杆塔的距离，应尽量靠近，但不应小于7 m（架设在城市内的线路除外）。

5. 如两线路杆塔位置交错排列，导线在最大风偏情况下，对相邻线路杆塔的最小水平距离，还不应小于下列数值：

电压（kV）	35～110	154～220	330
距离（m）	3.0	4.0	5.0

6. 交叉档最小导线截面：35 kV线路采用钢芯铝绞线为35 mm²，10 kV及以下采用铝绞线或铝合金线为35 mm²，其它导线为16 mm²。

7. 交叉档针式绝缘子或瓷横担支撑方式（35 kV及以下线路）：当架空电力线路跨越铁路、一、二级道路和公路、电车道、通航河流、一、二级架空明线弱电线路、高压电力线路、管道、索道应双固定。

附录五　弱电线路等级及公路等级

1. 弱电线路等级

一级——首都与各省（市）、自治区人民政府所在地及其相互间联系的主要线路；首都至各重要的工矿城市、海港的线路以及由首都通达国外的国际线路；由邮电部指定的其它国际线路和国防线路。

铁道部与各铁路局及各铁路局之间联系用的线路；以及铁路信号自动闭塞装置专用线路。

二级——各省（市）、自治区人民政府所在地与各地（市）、县及其相互间的通信线路；相邻两省（自治区）各地（市）、县相互间的通信线路；一般市内电话线路。

铁路局与各站、段及站段相互间的线路，以及铁路信号闭塞装置的线路。

三级——县至区、乡镇的县内线路和两对以下的城郊线路；铁路的地区线路及有线广播线路。

2. 公路等级

一级——具有特别重要的政治、经济、国防意义，专供汽车分道快速行驶的高级公路。一般能适应年平均昼夜交通量为 5000 辆以上。

二级——联系重要政治、经济中心或大工矿区的主要干线公路或运输任务繁重的城郊公路，一般能适应按各种车辆折合成载重汽车的年平均昼夜交通量为 2000～5000 辆。

三级——沟通县以上的城市，运输任务较大的一般干线公路，一般能适应按各种车辆折合成载重汽车的年平均昼夜交通量为 2000 辆以下。

四级——沟通县、乡镇、村，直接为农业运输服务的支线公路。一般能适应按各种车辆折合成载重汽车的年平均昼夜交通量为 200 辆以下。

参 考 文 献

1　能源部东北电力设计院编．电力工程高压送电线路设计手册．北京：水利电力出版社，1996

2　本手册编写组．工厂常用电气设备手册　上册．北京：水利电力出版社，1991

3　郭喜庆．架空送电线路设计原理．北京：农业出版社，1992

4　西安交通大学．电力工程．北京：电力工业出版社，1981

5　能源部西南电力设计院．架空送电线路杆塔结构设计技术规定 SDGJ94—90．北京：水利电力出版社，1990

6　水利电力部电力规划设计院标准．送电线路基础设计技术规定 SDGJ62—84（试行）．北京：水利电力出版社，1986

7　周振山．高压架空输电线路定位手册．北京：水利电力出版社，1960

8　任致程．农用电力架空线路的运行和维修．北京：人民邮电出版社，1999

9　电力建设总局输电室．高压架空输电线路施工技术手册（架线工程部分）．北京：中国工业出版社，1964

10　上海电力设计院．高压架空输电线路定位手册．北京：水利电力出版社，1960